Lecture Notes in Mathematics

A collection of informal reports and seminars
Edited by A. Dold, Heidelberg and B. Eckmann, Zürich

Series: Mathematisches Institut der Universität Bonn · Adviser: F. Hirzebruch

59

Klaus Jänich

Mathematisches Institut der Universität Bonn

Differenzierbare
G-Mannigfaltigkeiten

1968

Springer-Verlag Berlin · Heidelberg · New York

All rights reserved. No part of this book may be translated or reproduced in any form without written permission from Springer Verlag. © by Springer-Verlag Berlin · Heidelberg 1968
Library of Congress Catalog Card Number 68-28525. Printed in Germany. Title No. 3665

VORWORT

Im Wintersemester 1967/68 habe ich an der Universität des Saarlandes eine zweistündige Gastvorlesung über "Transformationsgruppen auf Mannigfaltigkeiten" gehalten, die sich mit differenzierbaren Aktionen kompakter Liescher Gruppen beschäftigte. Das vorliegende Heft ist fast genau das Manuskript zu dieser Vorlesung, so wie es im Laufe des Semesters entstanden ist. Es ist also keine Ausarbeitung, in der man die in der Vorlesung weggelassenen Beweise nachlesen kann, und es hat "durchaus den Charakter des Unfertigen", wie es im Umschlagtext so ermutigend formuliert ist.

Dem Mathematischen Institut der Universität des Saarlandes, besonders Herrn Professor Puppe und Herrn Dr. tom Dieck, danke ich für die Einladung, diese Gastvorlesung zu halten. Den kritischen Bemerkungen meiner Hörer in Saarbrücken verdanke ich eine Reihe von Verbesserungen des Manuskriptes. Ich erhielt auch nützliche Hinweise von den Studenten in der "Arbeitsgemeinschaft über Transformationsgruppen" in Bonn, besonders von Herrn W. D. Neumann. Herrn M. Krämer und Herrn Dr. K. H. Mayer danke ich für Diskussionen, die mir bei der Niederschrift des Manuskriptes geholfen haben.

Unserer Sekretärin Frl. Wilksen danke ich herzlich für das Schreiben des Manuskriptes und für die Schnelligkeit, mit der das geschah.

Bonn, den 18. März 1968   Klaus Jänich

INHALTSVERZEICHNIS

Kapitel I: Grundlegende Begriffe und Sätze

§ 1. Die Grundbegriffe

1.1.	G-Mannigfaltigkeiten	1
1.2.	G-Vektorraumbündel	2
1.3.	Der Scheibensatz	3
1.4.	Die durch die Orbittypen gegebene Zerlegung von X	5
1.5.	Die Orbitbündel	6
1.6.	Literaturhinweise	8

§ 2. Hauptorbits, singuläre Orbits und Ausnahmeorbits

2.1.	Der Satz vom Hauptorbittyp	9
2.2.	Singuläre Orbits und Ausnahmeorbits	10
2.3.	Eine obere Schranke für die Dimension effektiv operierender Gruppen	12

§ 3. Der Einbettungssatz

3.1.	Der Einbettungssatz	13
3.2.	Die beim Beweis des Einbettungssatzes benötigte Darstellungstheorie	15
3.3.	Die Abzählbarkeit der G-Aktionen auf X	17

Kapitel II: Einige G-Mannigfaltigkeiten mit besonders einfacher Orbitstruktur

§ 4. Scheibendiagramme

4.1.	Scheibentypen	21
4.2.	Scheibendiagramme	22
4.3.	Einige Beispiele und Bemerkungen	25

§ 5. Klassifikation der "speziellen" G-Mannigfaltigkeiten

5.1.	Zweipunktige Scheibendiagramme	26
5.2.	"Spezielle" G-Mannigfaltigkeiten	27
5.3.	Die Klassifikationsaufgabe	29
5.4.	Der Vorgang "$\odot$"	30
5.5.	Der Klassifikationssatz	32

§ 6. Beispiele spezieller G-Mannigfaltigkeiten

6.1.	Ganz einfache Beispiele	36
6.2.	Die $O(n)$-Mannigfaltigkeiten $W^{2n-1}(d)$	38

§ 7. Bericht über Knoten-Mannigfaltigkeiten   43

Kapitel III: Linearität und Nichtlinearität

§ 8. Musterbeispiel eines Linearitätsbeweises: Der Satz von Montgomery, Samelson, Yang und Zippin über Aktionen auf $\mathbb{R}^n$ mit zweidimensionalem Orbitraum

8.1.	Formulierung des Satzes	48
8.2.	Lokale Betrachtungen: $\mathbb{R}^n/G$ ist eine zweidimensionale berandete Mannigfaltigkeit	49
8.3.	Es gibt keine orientierbaren Ausnahmeorbits	50
8.4.	$\mathbb{R}^n/G$ ist eine Halbebene mit Ecken	52
8.5.	Es gibt überhaupt keine Ausnahmeorbits	53
8.6.	Es gibt höchstens eine Ecke	56
8.7.	Die Aktion ist linear	58

§ 9. Weitere Linearitätssätze und Beispiele nichtlinearer Aktionen

9.1.	Der Satz von Connell, Montgomery und Yang über die Linearität gewisser Aktionen auf $\mathbb{R}^n$ mit zwei Orbittypen	60
9.2.	Linearitätssätze für Aktionen auf Sphären	62

9.3. Konstruktion nichtlinearer Aktionen mittels nichttrivialer zusammenziehbarer berandeter Mannigfaltigkeiten 63

9.4. Konstruktion nichtlinearer Aktionen mittels der
speziellen O(n)-Mannigfaltigkeiten $W^{2n-1}(d)$ 64

Kapitel IV: Dimensionen kompakter Transformationsgruppen

§ 10. Lücken in den Dimensionen der Transformationsgruppen (nach L. N. Mann)

10.1. Der Lückensatz und die Formel für m(G) 66
10.2. Beweis der Formel für m(G) 69
10.3. Beweis des Lückensatzes 70

§ 11. Der Symmetriegrad der exotischen Sphären (Bericht über Resultate von Wu-chung Hsiang und Wu-yi Hsiang)

11.1. Die Sätze über den Symmetriegrad der exotischen Sphären 72
11.2. G hat einen "großen Faktor" (Beweis mittels der Formel für m(G)) 73
11.3. Der große Faktor operiert fast-regulär (Beweis mittels Pontrjaginscher Klassen) 75
11.4. Regularität und Formel für die Dimension der Fixpunkt-
menge der Aktion des großen Faktors (Beweis mittels P.A. Smith - Theorie) 78
11.5. Abschätzung der Hauptzahl und Beweis von Satz 1 (mittels des Satzes über Sphären als Hauptorbits auf Sphären) 80
11.6. Beweis von Satz 2 (mittels eines "Einbettungslemmas für Orbittripel") 83

Literaturverzeichnis 85

Kapitel I: Grundlegende Begriffe und Sätze

§ 1. Die Grundbegriffe

1.1. G-Mannigfaltigkeiten. Es sei G eine kompakte Liesche Gruppe und X eine differenzierbare Mannigfaltigkeit. Unter einer <u>differenzierbaren Aktion</u> von G auf X versteht man eine differenzierbare Abbildung $G \times X \longrightarrow X$ – den Bildpunkt von (g,x) bezeichnet gewöhnlich mit gx – mit den Eigenschaften

(i) $g_1(g_2 x) = (g_1 g_2)x$

(ii) $1x = x$, wenn 1 das Einselement in G bezeichnet.

Eine differenzierbare Mannigfaltigkeit X <u>zusammen</u> mit einer differenzierbaren Aktion von G auf X nennt man eine differenzierbare <u>G-Mannigfaltigkeit</u>, die man dann wieder mit X bezeichnet, was etwas unordentlich aber sehr praktisch ist.

Die Definition ist so eingerichtet, daß jedes einzelne $g \in G$ durch $x \longmapsto gx$ nicht nur eine differenzierbare Abbildung von X in sich induziert, sondern sogar einen <u>Diffeomorphismus</u> von X auf sich. Denn aus (i) und (ii) folgt, daß die ebenfalls differenzierbare Abbildung $g^{-1}: X \longrightarrow X$ ein Inverses zu $g: X \longrightarrow X$ ist.

Einige wichtige und ständig wiederkehrende Begriffe sind "Orbit", "Standgruppe", "Orbittyp" und "Orbitraum".

<u>Definition:</u> Es sei X eine G-Mannigfaltigkeit und $x \in X$. Dann heißt $Gx = \{gx \mid g \in G\}$ der <u>Orbit</u> von x, und $G_x = \{g \mid gx = x\}$ heißt die <u>Standgruppe</u> am Punkte x. Die Menge aller auf Gx vorkommenden Standgruppen, also $\{G_{gx} \mid g \in G\}$, heißt der <u>Typ</u> des Orbits Gx. Da $G_{gx} = g G_x g^{-1}$, ist der Typ von G_x nichts anderes als $(G_x) = \{g G_x g^{-1} \mid g \in G\}$, also die Konjugiertenklasse von G_x in G. Schließlich bezeichnet X/G den <u>Orbitraum</u>, das ist die Menge aller Orbits, $\{Gx \mid x \in X\}$, versehen mit der Quotiententopologie, das heißt: Eine Menge von Orbits ist offen in X/G, wenn ihre Vereinigung offen in X ist.

Bemerkung zum Begriff des "Orbittyps": Die Definition des Orbittyps mag

zunächst etwas merkwürdig erscheinen. Daher sei folgendes zur Erläuterung gesagt:
Wenn wir ein x festhalten, dann ist durch $gG_x \mapsto gx$ eine offenbar äquivariante
(d.h. mit der Aktion von G verträgliche) Abbildung $G/G_x \longrightarrow X$ definiert, deren
Bild der Orbit Gx ist und die außerdem eine <u>Einbettung</u> ist. Das besagt insbesondere,
daß Gx eine Untermannigfaltigkeit von X ist und daß Gx als G-Mannigfaltigkeit
isomorph (= äquivariant diffeomorph) zu G/G_x ist. Zwei homogene Räume G/H und G/H'
sind aber genau dann als G-Mannigfaltigkeiten isomorph, wenn H und H' konjugiert
sind, und deshalb haben wir:

Gx und Gy sind isomorphe G-Mannigfaltigkeiten $\iff (G_x) = (G_y)$,

daher die Bezeichnung "Orbittyp".

<u>1.2. G-Vektorraumbündel.</u> Wie man in der Differentialtopologie nicht ohne Vektorraum-
bündel auskommen kann - schon weil man vom Tangential- und Normalbündel reden muß - ,
so benötigt man für G-Mannigfaltigkeiten den Begriff des G-Vektorraumbündels:

<u>Definition:</u> Sei X eine G-Mannigfaltigkeit. Ein Vektorraumbündel über X zusammen
mit einer G-Aktion auf seinem Totalraum E heißt G-Vektorraumbündel über X , wenn
durch $g \in G$ die Faser E_x isomorph auf E_{gx} abgebildet wird.

Das Tangentialbündel TX einer G-Mannigfaltigkeit ist in natürlicher Weise
ein G-Vektorraumbündel, die Abbildung von T_xX auf $T_{gx}X$ ist durch das Differential
von $g: X \longrightarrow X$ gegeben. Ebenso wird auch das Normalbündel einer äquivariant in X
eingebetteten G-Mannigfaltigkeit zu einem G-Vektorraumbündel.

Ein besonders wichtiger und glücklicherweise auch besonders einfacher Fall
ist der, bei dem die Basis ein homogener Raum G/H ist. Wichtig ist dieser Fall für
uns deshalb, weil er für das Normalbündel eines jeden Orbits in einer G-Mannigfaltigkeit zutrifft, und einfach ist er in folgendem Sinne:

Sei $E \longrightarrow G/H$ ein G-Vektorraumbündel. Die Faser am Punkte $1H \in G/H$ bezeichnen wir mit V . Dann ist V ein H-Modul, denn da jedes $h \in H$ den Punkt
$1H \in G/H$ festläßt, führt es V in V über. Nun betrachten wir das zum H-Prinzipal-
faserbündel $G \longrightarrow G/H$ assoziierte Faserbündel $G \times_H V$ über G/H . Zur Erinnerung:

$[g,v] = [gh, h^{-1}v]$. Das ist also insbesondere ein Vektorraumbündel, und wenn wir für $g \in G$ erklären: $g[g,v] = [gg,v]$, dann wird $G \times_H V$ zu einem G-Vektorraumbündel über G/H . Nun bedenke man, daß gv auch einen Sinn hat: $v \in V = E_{1H} \subset E$. Wir erhalten daher durch $[g,v] \longmapsto gv$ eine Abbildung

$$G \times_H V \longrightarrow E \ ,$$

und dies ist in der Tat ein G-Vektorraumbündelisomorphismus. **Fazit:** Ein G-Vektorraumbündel über G/H ist durch seinen H-Modul am Punkte $1H$ bestimmt.

1.3. Der Scheibensatz. Sei wieder X eine G-Mannigfaltigkeit, $x \in X$. Mit $V_x = T_x X / T_x Gx$ bezeichnen wir den Normalraum an den Orbit Gx im Punkte x . Für jedes $g \in G_x$ induziert das Differential der Transformation $g: X \longrightarrow X$ einen Automorphismus von V_x , und so erhalten wir eine Darstellung

$$G_x \longrightarrow GL(V_x) \ ,$$

die man die Scheibendarstellung (nämlich "slice representation") nennt. Und genau so, wie wir G/G_x durch $gG_x \longmapsto gx$ mit Gx identifiziert haben, können wir jetzt das "Scheibenbündel" $G \times_{G_x} V_x$ durch $[g,v] \longmapsto gv$ mit dem Normalbündel von Gx in X identifizieren. Auf diesem Wege erhält man den

Scheibensatz: Es gibt einen äquivarianten Diffeomorphismus einer G-invarianten offenen Umgebung des Nullschnittes in $G \times_{G_x} V_x$ auf eine G-invariante offene Umgebung von Gx in X , bei der der Nullschnitt G/G_x in der kanonischen Weise auf den Orbit Gx abgebildet wird. (Vergl. Koszul [30], p. 139).

Dieser "Scheibensatz" ist der wichtigste und gewissermaßen allgegenwärtige Hilfssatz in der Theorie der differenzierbaren G-Mannigfaltigkeiten. Durch ihn wird jedes lokale Problem im wesentlichen auf das entsprechende Problem für die lineare Aktion von G_x auf V_x zurückgeführt.

Zum Beweis des Scheibensatzes: Sei einmal Y eine kompakte Untermannigfaltigkeit von X , ohne Berücksichtigung der G-Aktion. Sei N das Normalbündel. Daß man eine Umgebung von Y in N diffeomorph auf eine Umgebung von Y in X abbilden kann, so daß Y dabei punktweise festbleibt, ist eines der Standard-Hilfsmittel in der

Differentialtopologie. Eine solche sogenannte "Tubenabbildung" herzustellen ist sehr einfach, wenn man dazu etwas Differentialgeometrie verwenden darf. Führen wir nämlich auf X eine Riemannsche Metrik ein, dann können wir zu jedem $v \in N$, $v \neq 0$, die eindeutig bestimmte Geodätische s_v betrachten, die den Fußpunkt von v in Richtung v verläßt:

und wir erhalten eine Abbildung exp: $N \longrightarrow X$ durch $v \longmapsto s_v(\|v\|)$. Für kompaktes Y gibt es dann ein $\varepsilon > 0$, so daß $\exp\{v \in N \mid \|v\| < \varepsilon\}$ eine Tubenabbildung ist. (Siehe etwa Milnor [34])

Was wir für unseren Scheibensatz brauchen, ist eine <u>äquivariante</u> Tubenabbildung; und offenbar würde uns das gerade genannte Rezept eine solche liefern, wenn wir eine unter der Aktion von G invariante Riemannsche Metrik hätten – vorausgesetzt, selbstverständlich, daß Y eine invariante Untermannigfaltigkeit ist. Eine invariante Riemannsche Metrik kann man aber leicht mit Hilfe einer invarianten Volumform auf G ("Haarsches Maß") herstellen. Eine Volumenform auf G, die unter der Aktion (Linksmultiplikation) von G auf sich selbst invariant ist, gibt es natürlich: Ist G n-dimensional, so wählen wir einfach eine von Null verschiedene n-Form $\omega(1)$ am Punkte $1 \in G$ und setzen $\omega(g) = g\omega(1)$ – das n-Formen-Bündel ist ja auch ein G-Vektorraumbündel! Außerdem dürfen wir uns $\omega(1)$ und die Orientierung von G so gewählt denken, daß sich $\int_G \omega(g) = 1$ ergibt. Ist dann $E \longrightarrow X$ ein G-Vektorraumbündel und $s: X \longrightarrow E$ ein Schnitt, dann erhalten wir für jedes $x \in X$ durch $g \longmapsto gs(g^{-1}x)$ eine Abbildung $G \longrightarrow E_x$ (die s-Werte aller von x aus erreichbaren Punkte werden nach E_x transportiert), und wir erklären

$$\bar{s}(x) = \int_G gs(g^{-1}x)\,\omega(g)$$

Der so erklärte "gemittelte" Schnitt $\bar{s}: X \longrightarrow E$ ist dann äquivariant und stimmt übrigens dort mit s überein, wo s schon äquivariant war.

Ist insbesondere E das G-Vektorraumbündel der symmetrischen Bilinearformen im Tangentialbündel und $p: X \longrightarrow E$ eine Riemannsche Metrik, so ist $\bar{p}$ eine invariante Riemannsche Metrik für X.

1.4. Die durch die Orbittypen gegebene Zerlegung von X. Wir ziehen einige erste Folgerungen aus dem Scheibensatz. Zunächst bemerken wir:

Satz: Auf einer kompakten G-Mannigfaltigkeit gibt es nur endlich viele Orbittypen.

Beweis: Der Beweis erfolgt durch Induktion nach der Dimension der G-Mannigfaltigkeit X. Ist $\dim X = 0$, dann hat X natürlich nur endlich viele Punkte, erst recht Orbits, von Orbittypen ganz zu schweigen. Jetzt sei X eine n-dimensionale kompakte G-Mannigfaltigkeit. Nach dem Scheibensatz genügte es zu wissen, daß jedes $N_x = G \times_{G_x} V_x$ nur endlich viele Orbittypen hat, denn wir können X mit endlich vielen Nullschnittumgebungen solcher G-Vektorraumbündel äquivariant überdecken.

Nun führen wir in V_x eine G_x-invariante (euklidische) Metrik ein und betrachten das Sphärenbündel $SN_x = G \times_{G_x} SV_x$, wo $SV_x = \{v \in V_x \mid \|v\| = 1\}$. Dann ist SN_x eine (n-1)-dimensionale G-Mannigfaltigkeit (oder $SN_x = \emptyset$) und hat daher nach Induktionsannahme nur endlich viele Orbittypen. Andererseits kommt jeder Orbittyp in $G \times_{G_x}(V_x - \{0\})$ auch in $G \times_{G_x} SV_x$ vor, also hat N_x höchstens einen Orbittyp, nämlich (G_x), mehr als SN_x, womit der Satz bewiesen ist.

Satz: Sei X eine G-Mannigfaltigkeit und H eine der Standgruppen. Dann ist $X_{(H)} = \{x \in X \mid (G_x) = (H)\}$, also die Vereinigung aller Orbits vom Typ (H), eine differenzierbare Untermannigfaltigkeit von X.

Beweis: Eine Untermannigfaltigkeit zu sein ist eine lokale Eigenschaft einer Teilmenge, nach dem Scheibensatz genügt es daher, den Satz für den Fall $X = G \times_H V$ zu beweisen, wo V ein H-Modul ist.

Was ist die Standgruppe eines Punktes $[g,v] \in G \times_H V$? $\tilde{g}[g,v] = [g,v] \Leftrightarrow [\tilde{g}g,v] = [g,v] \Leftrightarrow \exists h \in H$ mit $\tilde{g}gh^{-1} = g$ und $hv = v$. Statt $hv = v$ dürfen wir $h \in H_v$ schreiben, das ist die richtige Terminologie in Bezug auf die H-Mannigfaltigkeit V, und dann haben wir also:

$$G_{[g,v]} = gH_v g^{-1}.$$

Daher ist $G_{[g,v]}$ konjugiert zu H genau dann, wenn $H_v = H$, also v ein Fixpunkt unter H ist. Die Fixpunktmenge $F = \{v \in V \mid hv = v \text{ alle } h \in H\}$ ist aber ein Untervektorraum von V und $\{[g,v] \in G \times_H V \mid G_{[g,v]}$ konjugiert zu $H\} = G \times_H F = G/H \times F$ ist offenbar ein differenzierbares Teilbündel von $G \times_H V$, insbesondere eine differenzierbare Untermannigfaltigkeit.   q.e.d.

Beachten Sie bitte, daß aus dem Beweis nicht hervorgeht, daß alle Komponenten von $X_{(H)}$ dieselbe Dimension haben. Das ist im allgemeinen auch nicht der Fall. Ebenso ist $X_{(H)}$ im allgemeinen nicht kompakt.

Ich finde, dieser Satz erleichtert einem doch schon etwas die Vorstellung davon, wie eine G-Aktion "im Großen" aussieht. Die G-Mannigfaltigkeit X ist also zerlegt in endlich viele invariante Untermannigfaltigkeiten, und innerhalb einer solchen Untermannigfaltigkeit sind alle Orbits von der Gestalt G/H für ein festes H. Sie können übrigens daran schon bemerken, daß mindestens eine Komponente einer dieser Mannigfaltigkeiten dieselbe Dimension wie X haben, also offen sein muß, denn endlich viele niedriger dimensionale Untermannigfaltigkeiten könnten X ja nicht ausfüllen! Dieses Phänomen wird später noch oft eine Rolle spielen.

1.5. Die Orbitbündel.

Satz: Sei X eine G-Mannigfaltigkeit und H eine der Standgruppen. Dann ist $P = \{x \in X \mid G_x = H\}$ in kanonischer Weise ein differenzierbares rechts-Prinzipalfaserbündel mit der Strukturgruppe $\Gamma = N_H/H$, und die G-Untermannigfaltigkeit $X_{(H)}$ von X ist in kanonischer Weise äquivariant diffeomorph zu dem assoziierten Faserbündel $G/H \, _{\Gamma}\!\times P$. (Vergl. Borel [4], § 1)

Die im vorigen Satz als Mannigfaltigkeiten erwiesenen $X_{(H)}$ sind also tatsächlich sogar differenzierbare Faserbündel mit den Orbits als Fasern! Wir nennen die $X_{(H)}$ daher die Orbitbündel von X.

Erläuterungen und Beweis des Satzes: Ich erinnere zunächst kurz an den Begriff des Prinzipalfaserbündels: Ein Prinzipalfaserbündel ist ein Faserbündel, bei dem die typische Faser F gleich der Strukturgruppe G ist und die Aktion der Strukturgruppe auf der Faser, $G \times F \longrightarrow F$, durch die Multiplikation in G gegeben ist. Weil die Multiplikation von links mit der Multiplikation von rechts verträglich ist (Assoziativität), so operiert die Gruppe von rechts auf dem Totalraum des Prinzipalfaserbündels, auf jeder Faser durch "Rechtsmultiplikation", das hat eben unabhängig von der Auswahl der Bündelkarte, mit der man die Faser mit F identifiziert, einen Sinn.

Es ist ein etwas unglücklicher Zufall, daß auf einer G-Mannigfaltigkeit die Gruppe G üblicherweise von links operiert ($g_1(g_2 x) = (g_1 g_2)x$) und auf einem Prinzipalfaserbündel von rechts ($(p g_1)g_2 = p(g_1 g_2)$). Genaugenommen dürfen wir nicht sagen, daß der Totalraum eines G-Prinzipalbündels eine G-Mannigfaltigkeit ist. Man kann sich da auf verschiedene Weisen helfen; ich habe es am praktischsten gefunden, bei der Definition eines Faserbündels rechts und links zu vertauschen: Üblicherweise operiert die Gruppe von links auf der Faser - lassen wir sie von rechts operieren, erhalten wir einen Begriff von Faserbündeln, für den ich die Bezeichnung "rechts-Faserbündel" benutzen will. Auf dem Totalraum eines rechts-Prinzipalfaserbündels operiert die Gruppe dann von links, wie wir es wünschen.

Hat man ein rechts-Prinzipalfaserbündel P mit Gruppe Γ , und operiert Γ von rechts auf F , so hat man ein assoziiertes rechts-Faserbündel, das ich nun mit $F_\Gamma \times P$ bezeichne. ($[f,p] = [f\gamma, \gamma^{-1} p]$) .

Damit habe ich nun den Ausdruck "rechts-Prinzipalfaserbündel" erklärt. Bevor ich den Beweis des Satzes angebe, sollte ich noch sagen, wie Γ = (Normalisator von H)/H = N_H/H auf G/H operiert und welches die G-Aktion auf $G/H \,_\Gamma\!\times P$ ist. Nun, die Aktion $G/H \times N_H/H \longrightarrow G/H$ ist einfach von der Multiplikation $G \times N_H \longrightarrow G$ induziert, und man sieht sofort, daß diese Aktion von rechts verträglich mit der Aktion von G auf G/H von links ist. Dies ist auch der Grund, warum sich die Aktion von G auf G/H auf das Bündel $G/H \,_\Gamma\!\times P$ "durchdrückt": $\tilde{g}[gH,p] = [\tilde{g}gH,p]$ ist wohldefiniert.

Man kann übrigens leicht zeigen, daß <u>jeder</u> G-äquivariante Diffeomorphismus (sogar jede G-äquivariante Abbildung, das ist hier dasselbe) durch ein $\gamma \in \Gamma$ gegeben ist. Γ ist "die" Gruppe der Automorphismen von G/H als G-Mannigfaltigkeit.

Nun also zum Beweis: <u>Erstens</u> ist P eine differenzierbare Untermannigfaltigkeit von $X_{(H)}$, das zeigt man wie im vorigen Satz mit dem Scheibensatz: In $G \times_H V$ ist P durch $N_H \times_H F$ gegeben. <u>Zweitens</u> induziert die Operation von G auf X eine ebenfalls differenzierbare Aktion von N_H auf P , denn wegen $G_{gx} = gG_xg^{-1}$ folgt aus $G_p = H$ und $g \in N_H$, daß auch $G_{gp} = H$ ist. <u>Drittens</u> ist nach Definition von P als $\{x \mid G_x = H\}$ die Standgruppe der N_H-Aktion auf P an jedem Punkte gleich H , und deshalb induziert die N_H-Aktion eine $N_H/H = \Gamma$-Aktion, bei der die Standgruppe in jedem Punkte trivial, d.h. gleich $\{1\}$ ist!

Eine differenzierbare Aktion einer kompakten Lieschen Gruppe Γ , bei der alle Standgruppen $\{1\}$ sind, nennt man eine <u>freie</u> Aktion. (Nicht zu verwechseln mit "fixpunktfrei", was nur heißt, daß keine Standgruppe ganz Γ ist). Es folgt nun wiederum aus dem Scheibensatz, daß eine freie Γ-Mannigfaltigkeit in kanonischer Weise Totalraum eines differenzierbaren rechts-Γ-Prinzipalbündels ist. Das Normalbündel eines Orbits ist ja dann $\Gamma x_{\{1\}} V = \Gamma \times V$, und so liefert der Scheibensatz die Bündelkarten. Insbesondere ist also unser P ein rechts-Γ-Prinzipalbündel.

Nun betrachten wir das assoziierte Faserbündel $G/H \,_\Gamma\!\times P$, das also aus $G/H \times P$ durch $(gH,p) \sim (g\gamma H, \gamma^{-1}p)$, $\gamma \in N_H$, hervorgeht. Mit der vorhin beschriebenen G-Aktion ist dies eine G-Mannigfaltigkeit, und die Orbits sind gerade die Fasern. Der gesuchte "kanonische" äquivariante Diffeomorphismus $G/H \,_\Gamma\!\times P \longrightarrow X_{(H)}$, in Bezug auf den wir $X_{(H)}$ als Faserbündel auffassen, ist dann durch $[gH,p] \longmapsto gp$ gegeben. - Ende des Beweises (E.d.B.)

Mit dem hierdurch erreichten Grad an Klarheit über den Mechanismus der G-Aktionen wollen wir uns für diesen Paragraphen "Grundbegriffe" zufrieden geben. Wir sehen jetzt also, daß jede (kompakte) G-Mannigfaltigkeit in (endlich viele) invariante Untermannigfaltigkeiten zerlegt ist, die ihrerseits differenzierbare Faserbündel mit den Orbits als Fasern sind.

<u>1.6. Literaturhinweise.</u> Einige Grundkenntnisse in der Differentialtopologie werden in dieser Vorlesung vorausgesetzt. Als Literatur dazu kommt zum Beispiel in Frage: Milnor [33], [34], [35], Munkres [47], J.T. Schwartz [57]. Für eine erste Bekanntschaft mit Liegruppen: Chevalley [12], Puppe [55], § 9, Steenrod [63] pp. 32 - 35. Vektorraumbündel und G-Vektorraumbündel: Atiyah-Anderson [1], Chapter I, Atiyah-Segal [2], Lecture I, Hirzebruch [18]. Faserbündel: Puppe [55], Steenrod [63]. G-Mannigfaltigkeiten

(Einführung): Hsiang und Hsiang [23], Chapter I, Palais [50].

§ 2. Hauptorbits, singuläre Orbits und Ausnahmeorbits

2.1. Der Satz vom Hauptorbittyp. In diesem Paragraphen machen wir die wichtigsten Aussagen über die Orbitbündel, die die ohne weitere Einschränkungen für G und X gemacht werden können. Zur bequemeren Formulierung wollen wir jedoch im ganzen § 2 o.B.d.A. voraussetzen, daß X/G zusammenhängend sei. Es ist zu beachten, daß die Forderung, X selbst solle zusammenhängend sein, durchaus eine "Beschränkung der Allgemeinheit" bedeuten würde.

<u>Satz vom Hauptorbittyp</u>: Sei X eine G-Mannigfaltigkeit und X/G zusammenhängend. Dann gibt es einen (natürlich eindeutig bestimmten) Orbittyp (H) in X , für den $X_{(H)}$ offen und dicht in X ist. Ferner ist die differenzierbare Mannigfaltigkeit $X_{(H)}/G$ zusammenhängend.

<u>Definition</u>: (H) heißt der Hauptorbittyp von X , die Orbits vom Typ (H) heißen Hauptorbits und $X_{(H)}$ heißt Hauptorbitbündel.

<u>Beweis</u> des Satzes vom Hauptorbittyp: Wir führen den Beweis durch Induktion nach der Dimension von X . Für nulldimensionales X ist der Satz trivial, weil dann X/G ein Punkt sein muß und X daher nur aus einem einzigen Orbit besteht. Sei jetzt X n-dimensional. Nach Induktionsannahme ist der Satz richtig für das Sphärenbündel SN_x von $N_x = G \times_{G_x} V_x$, sofern nur $SN_x/G = SV_x/G_x$ zusammenhängend ist. Das ist aber nur dann nicht der Fall, wenn dim $V_x = 1$ und $G_x \longrightarrow GL(V_x)$ trivial ist. Für <u>alle</u> N_x folgt daher, daß der Satz für $N_{x\varepsilon} = \{ [g,v] \in G \times_{G_x} V_x \mid \|v\| < \varepsilon \}$ richtig ist. Mittels des Scheibensatzes überdecken wir nun X mit lokal endlich vielen solcher $N_{x\varepsilon}$. Dann folgt aus dem Zusammenhang von X/G , daß der Hauptorbittyp für alle diese $N_{x\varepsilon}$ der gleiche ist: (H) , denn als offene dichte Mengen müssen die Hauptorbitbündel "benach-

barter" $N_{x\epsilon}$ nichtleeren Durchschnitt und damit einen gemeinsamen Orbit haben. Dann ist aber auch klar, daß $X_{(H)}$ als Vereinigung der Hauptorbitbündel all der $N_{x\epsilon}$ offen und dicht in X ist und zusammenhängenden Orbitraum hat.   q.e.d.

Die in X vorkommenden Orbittypen bilden eine teilweise geordnete Menge, wenn wir unter $(H_1) \leqslant (H_2)$ verstehen, daß Repräsentanten H_1 und H_2 dieser Konjugationsklassen mit $H_1 \supset H_2$ gewählt werden können (wenn also G/H_2 der "kleinere" Orbit ist). Man überzeugt sich leicht, daß (G_x) ein absolutes Minimum der in $G \times_{G_x} V_x$ vorkommenden Orbittypen ist. Mit dem Scheibensatz erhalten wir daher folgende Konsequenz aus der Dichtheit von $X_{(H)}$:

<u>Corollar</u>: Der Hauptorbittyp (H) ist ein absolutes Maximum in der teilweise geordneten Menge der Orbittypen. Insbesondere sind die Hauptorbits Orbits maximaler Dimension in X.

2.2. <u>Singuläre Orbits und Ausnahmeorbits.</u> Diejenigen Orbits, deren Dimension kleiner als die Dimension der Hauptorbits ist, heißen <u>singuläre Orbits</u>, und die Orbits, die zwar die Dimension der Hauptorbits haben, aber keine Hauptorbits sind, heißen <u>Ausnahmeorbits</u>. Außer dem Hauptorbitbündel kann natürlich kein Orbitbündel die Dimension von X haben, also haben die Bündel der singulären und Ausnahmeorbits mindestens die Codimension 1. Für die singulären Orbittypen gilt aber sogar:

<u>Satz über die singulären Orbits:</u> Ist (U) ein singulärer Orbittyp, dann hat $X_{(U)}$ in X mindestens die Codimension zwei.

<u>Beweis:</u> Induktion nach dim X. In nulldimensionalen G-Mannigfaltigkeiten gibt es natürlich keine singulären Orbits. Sei X n-dimensional. Eine Aussage über die Codimension genügt es lokal zu betrachten, das heißt im Normalbündel $G \times_U V$ eines Orbits vom Typ (U). In $G \times_U V$ ist $X_{(U)}$ durch $G \times_U F$ gegeben, wo F der Fixpunktraum des U-Moduls V ist. Wir müssen also zeigen, daß die Codimension von F in V mindestens zwei ist, und dazu wollen wir die Induktionsannahme auf die höchstens (n-1)-dimensionale U-Mannigfaltigkeit SV = Sphäre in V anwenden.

Zunächst sei vorsichtshalber bemerkt, daß SV nicht leer sein kann, denn das würde dim G/U = n bedeuten, (U) ist aber singulär. Es kann auch nicht dim V = 1 sein, denn dann hätten wir einen singulären Orbit, eben G/U, von der Dimension n - 1, also müßten die Hauptorbits Dimension n haben, in welchem Falle aber wiederum in X gar kein Platz mehr für singuläre Orbits wäre. Also ist dim V $\geq$ 2, was auch impliziert, daß SV und damit SV/U zusammenhängend sind.

Somit besteht nur noch ein Hindernis, die Induktionsannahme auf die Fixpunktmenge SF in der U-Mannigfaltigkeit SV anzuwenden, nämlich: Wir wissen ja nicht, ob die Fixpunkte in SV wirklich <u>singuläre</u> Orbits sind, es könnte ja sein, daß alle Orbits in SV nulldimensional sind! Aber wenn das so wäre, dann hätten auch alle Orbits in G $\times_U$ V dieselbe Dimension wie G/U, das ist aber nach dem Scheibensatz ein Widerspruch zu der Tatsache, daß das Hauptorbitbündel dicht in X ist. E.d.B.

Ebenso einfach beweist man die folgende Präzisierung des Satzes über singulären Orbits:

<u>Satz:</u> Sei s die maximale Orbitdimension in X und (U) einer der singulären Orbittypen. Ist dann dim G/U = s - k, so gilt dim $X_{(U)}$ $\leq$ n - k - 1.

Das bedeutet also etwa, daß "kleine" Orbits ihre Kleinheit nicht durch massenhaftes Auftreten kompensieren können, es ist im Gegenteil so, daß die Orbits desto "seltener" vorkommen, je kleiner sie sind. (Vergl. [41])

Zum Abschluß dieses Abschnitts will ich noch das einfachste Beispiel einer G-Mannigfaltigkeit angeben, bei der Hauptorbits, singuläre Orbits und Ausnahmeorbits tatsächlich vorkommen. (Bemerken Sie bitte, daß wir die <u>Existenz</u> nur für die Hauptorbits bewiesen hatten). In diesem Beispiel ist G = S^1 und X = P^2, die reelle projektive Ebene, dargestellt als $\mathbb{R}^2$ mit einer unendlich fernen Geraden. Die Aktion ist durch die gewöhnliche Aktion von S^1 = SO(2) auf $\mathbb{R}^2$ induziert.

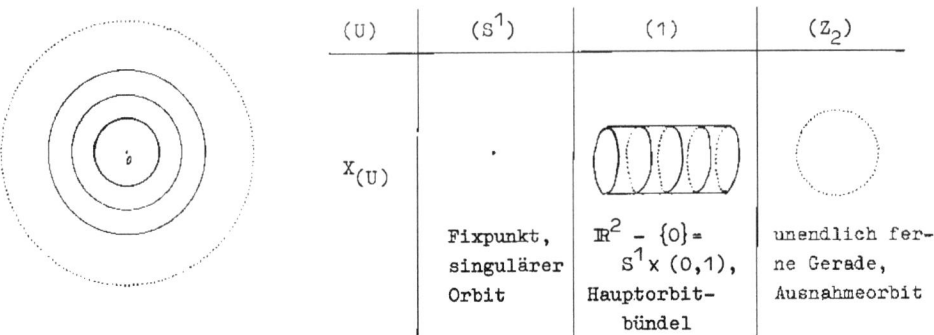

2.3. Eine obere Schranke für die Dimension effektiv operierender Gruppen. Eine sehr schöne Anwendung des Satzes vom Hauptorbittyp ist der Satz, daß eine "große" Gruppe nicht effektiv auf einer "kleinen" Mannigfaltigkeit operieren kann. Dabei heißt eine G-Aktion auf X **effektiv**, wenn das neutrale Element $1 \in G$ das einzige Element in G ist, das ganz X punktweise festläßt. Sonst bilden die Elemente, die X punktweise festlassen, einen abgeschlossenen Normalteiler $G_o \triangleleft G$, und G/G_o operiert dann effektiv auf X. In diesem Sinne kennt man alle Aktionen, wenn man alle effektiven kennt.

Satz: Operiert eine kompakte Liegruppe G effektiv und differenzierbar auf einer zusammenhängenden n-dimensionalen Mannigfaltigkeit X, dann ist $\dim G \leq \frac{1}{2} n(n+1)$.

Bemerkung 1: Daß $\dim G = \frac{1}{2} n(n+1)$ wirklich vorkommen kann, zeigt das Beispiel der gewöhnlichen Aktion von $SO(n+1)$ auf S^n bzw. P^n. Dies ist im wesentlichen auch das einzige Beispiel dafür, wie sich in § 10 mit ergeben wird.

Bemerkung 2: Da es immer eine G-invariante Metrik auf X gibt, ist dieser Satz auch eine Aussage über isometrische Transformationsgruppen auf Riemannschen Mannigfaltigkeiten, und folgt in dieser Form aus einem klassischen Resultat der Differentialgeometrie. (Siehe [14], p. 239, dritte und vierte Zeile von oben). Ein viel einfacherer Beweis steht jedoch bereits bei Montgomery und Zippin [44], Corollary 8, p. 787.

Beweis: Induktion nach n. Trivial für $n = 0$. - Wir dürfen G als zusammenhängend annehmen, denn die Zusammenhangskomponente der 1 in G hat die Dimension von G und operiert erst recht effektiv. Sei (H) der Hauptorbittyp. Dann ist jedenfalls dim $G \leqslant n + $ dim H. Wenn wir nun wüßten, daß H oder die 1-Komponente H_1 von H auf einer höchstens $(n-1)$-dimensionalen zusammenhängenden Mannigfaltigkeit effektiv operiert, dann könnten wir die Induktionsannahme anwenden und wären fertig, denn $n + \frac{1}{2}(n-1)n = \frac{1}{2}n(n+1)$. Nun, dim $G/H = k \leqslant n$, und G operiert effektiv auf G/H, denn wenn g ganz G/H punktweise festließe, dann würde g auch jeden Hauptorbit und daher ganz X punktweise festlassen. Folglich operiert auch H_1 effektiv auf G/H und damit auf dem zusammenhängenden Hauptorbit der H_1-Mannigfaltigkeit G/H. Nun, entweder dieser Hauptorbit hat eine Dimension $< k \leqslant n$, dann sind wir wie gesagt fertig. Im anderen Falle ist aber $H_1 1 H = G/H$, also $G/H = \{pt\}$, und da G effektiv auf G/H operiert, $G = \{1\}$ E.d.B.

Definition (nach Wu-yi Hsiang [27]): Sei X eine zusammenhängende differenzierbare Mannigfaltigkeit. Dann heißt $N(X) = \max\{\dim G \mid G$ kompakte Liegruppe, die effektiv und differenzierbar auf X operieren kann$\}$ der **Symmetriegrad** von X.

Man kann $N(X)$ als ein grobes Maß für die Symmetrie von X ansehen. Wir haben jetzt $N(X^n) \leqslant \frac{1}{2}n(n+1)$ gezeigt. Der § 11 beschäftigt sich eingehender mit dem Symmetriegrad gewisser Mannigfaltigkeiten.

§ 3. Der Einbettungssatz

3.1. Der Einbettungssatz. Vor die meisten elementaren Begriffsbildungen und Sätze der Differentialtopologie darf man guten Gewissens ein "G-" setzen, man erhält dann G-Mannigfaltigkeiten, G-Abbildungen (äquivariante Abbildungen), G-Vektorraumbündel, G-Tubenabbildungen usw. Auch die Beweise lassen sich gelegentlich sehr einfach zu "G-Beweisen" analogisieren. Manchmal jedoch ist das G-Analogon des alten Beweises nur der

triviale Teil des neuen Beweises, und man muß ihn durch tiefere Überlegungen aus der
Theorie der Liegruppe ergänzen. Das ist zum Beispiel der Fall beim G-Einbettungssatz,
der besagt, daß man jede G-Mannigfaltigkeit in einen "G-euklidischen Raum", also eine
Darstellung, einbetten kann:

Satz (Mostow [46] 1957, Palais [49], 1957, siehe auch [51]): Sei X eine kompakte
G-Mannigfaltigkeit. Dann gibt es eine ganze Zahl m und eine Darstellung $G \longrightarrow GL(m,\mathbb{R})$,
in Bezug auf die X äquivariant in $\mathbb{R}^m$ eingebettet werden kann.

Beweis: Wir führen den Beweis ohne Rücksicht darauf, ob man m vielleicht kleiner und
$G \longrightarrow GL(m,\mathbb{R})$ vielleicht einfacher wählen könnte. Zuerst wollen wir den Teil des Beweises erledigen, der einfach das G-Analogon des gewöhnlichen Einbettungsbeweises ist. Dazu
möchte ich erst noch einmal an diesen gewöhnlichen Beweis erinnern: Man überdeckt X
mit Karten $(U_1,h_1),\ldots,(U_r,h_r)$, d.h. die U_i sind offene Teilmengen von X mit
$X = U_1 \cup \ldots \cup U_r$, und die $h_i: U_i \longrightarrow U_i'$ sind Diffeomorphismen auf offene Teilmengen
U_i' von $\mathbb{R}^n$. Nun wählt man eine passende Zerlegung der Eins, das heißt r C^∞-Funktionen
$f_i: X \longrightarrow [0,1]$ mit $f_i(x) = 0$ für $x \notin U_i$ und $\sum_i f_i(x) = 1$ für alle x. Dann
kann man die Einbettung von X in $\mathbb{R}^{r(n+1)}$ direkt hinschreiben:

$$X \longrightarrow \mathbb{R} \oplus \ldots \oplus \mathbb{R} \oplus \mathbb{R}^n \oplus \ldots \oplus \mathbb{R}^n \quad \text{durch}$$
$$x \longmapsto (f_1(x),\ldots,f_r(x), f_1(x)h_1(x),\ldots,f_r(x)h_r(x)).$$

Jetzt sei X wieder eine G-Mannigfaltigkeit. Wir nehmen an, es wäre uns
schon gelungen, G-invariante offene Teilmengen $U_1,\ldots,U_r$ mit $U_1 \cup \ldots \cup U_r = X$
zu finden, und zu jedem U_i eine Darstellung $\tau_i: G \longrightarrow GL(n_i,\mathbb{R})$ und eine äquivariante
Einbettung $h_i: U_i \longrightarrow \mathbb{R}^{n_i}$. Dann könnten wir X äquivariant in $\mathbb{R}^r + \tau_1 + \ldots + \tau_r$
einbetten, wir brauchten dazu nur eine G-invariante Zerlegung der Eins zu finden, aber
das ist ganz leicht: Man wählt erst irgend eine zu den U_i passende Zerlegung der Eins
und macht die f_i dann mittels des Haarschen Maßes invariant (vergl. Seite 4).

Nach dem Scheibensatz wären wir also fertig, wenn wir noch wüßten, daß man
$G \times_H V$ immer äquivariant in eine Darstellung von G einbetten kann. Um dies zu tun,
braucht man zwei Hilfssätze aus der Darstellungstheorie. Erstens nämlich muß man ja

den Nullschnitt G/H einbetten können, das heißt:

<u>Hilfssatz 1:</u> Ist H eine abgeschlossene Untergruppe von G , so gibt es eine Darstellung $\tau: G \longrightarrow GL(t,\mathbb{R})$, bei der H eine der Standgruppen ist.

Zweitens würde eine Einbettung von $G \times_H V$ auch bedeuten, daß man die Faser am Punkte 1H , also den H-Modul V , in eine G-Darstellung "H-einbetten" kann:

<u>Hilfssatz 2:</u> Ist V ein H-Modul, so gibt es eine Darstellung $\sigma: G \longrightarrow GL(s,\mathbb{R})$, so daß V ein H-Untermodul des durch $\sigma|H$ gegebenen H-Moduls $\mathbb{R}^s$ ist.

Bevor ich über den Beweis dieser beiden Hilfssätze spreche, will ich bemerken, daß diese beiden für die Einbettung von $G \times_H V$ <u>notwendigen</u> Hilfen auch hinreichend sind: Ist $x \in \mathbb{R}^t$ mit $G_x = H$ gewählt und ist V mit einem H-Untermodul von $\mathbb{R}^s$ identifiziert, dann erhalten wir eine äquivariante Einbettung

$$G \times_H V \longrightarrow \mathbb{R}^t \oplus \mathbb{R}^s$$
durch $[g,v] \longmapsto (gx, gv)$.

3.2. Die beim Beweis des Einbettungssatzes benötigte Darstellungstheorie.

Ich will nun zeigen, wie die beiden Hilfssätze aus einem klassischen Resultat der Darstellungstheorie folgen, nämlich aus dem berühmten <u>Satz von Peter und Weyl</u>. Um diesen Satz formulieren zu können, betrachten wir wieder ein Haarsches Maß auf G und den dazugehörigen (komplexen) Hilbertraum $L^2(G)$ der quadratintegrierbaren Funktionen auf G . Ist $\tau: G \longrightarrow U(n)$ eine unitäre Darstellung, also eine "Darstellung durch unitäre Matrizen", so definieren die n^2 Koeffizienten dieser Matrizen n^2 stetige Funktionen $\tau_{ij}: G \longrightarrow \mathbb{C}$. Insbesondere sind die τ_{ij} als Elemente von $L^2(G)$ aufzufassen.

<u>Satz von Peter und Weyl (1927):</u> Ist $\{\tau_a\}_{a \in A}$ eine Familie von irreduziblen unitären Darstellungen von G , so daß jede beliebige irreduzible unitäre Darstellung von G zu genau einem τ_a äquivalent ist, so bilden die sämtlichen Koeffizientenfunktionen $\tau_{a,ij}$ ein vollständiges orthogonales System in $L^2(G)$.

Genauer muß man sagen, daß die darin enthaltenen Orthogonalitätsbeziehungen von Schur (1924) stammen; Peter-Weyl bewiesen die Vollständigkeit des Systems. (Vergl. z.B. [64] §§ 20, 21)

Wir wollen nun diesen Satz benutzen, um die Existenz einer Darstellung von G mit H als Standgruppe zu zeigen (wie in [51], p. 105). Ich muß betonen, daß wir natürlich eine endlichdimensionale Darstellung brauchen, überhaupt haben wir bis jetzt stillschweigend angenommen, daß wir immer nur von endlichdimensionalen Darstellungen sprechen. Jetzt aber wollen wir als ersten Schritt im Beweis eine unendlichdimensionale Darstellung von G angeben, die H als eine ihrer Standgruppen hat. Sind nämlich $f \in L^2(G)$, $g \in G$ so definieren wir $gf \in L^2(G)$ durch $x \mapsto f(xg^{-1})$, und auf diese Weise erhalten wir eine unitäre Darstellung von G im Hilbertraum $L^2(G)$. In dieser Darstellung kommt jede abgeschlossene Untergruppe H von G als Standgruppe vor. Dazu braucht man nur eine stetige Funktion $f_o: G/H \longrightarrow \mathbb{C}$ zu wählen, die genau an der Stelle $1H$ den Wert 1 hat. Dann erklärt man $f \in L^2(G)$ durch:
und es gilt $gf = f \Leftrightarrow f(xg^{-1}) =$
$= f(x) \Leftrightarrow g \in H$, wir haben also
$G_f = H$. Nun sei E_a der Teilraum
von $L^2(G)$, der von den Koeffizi-

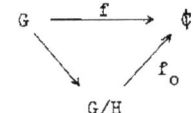

entenfunktionen $\tau_{a,ij}$ aufgespannt wird. Das ist natürlich ein endlichdimensionaler und außerdem auch invarianter Teilraum, denn $\tau_a(xg^{-1}) = \tau_a(x) \tau_a(g^{-1})$, also geht jedes einzelne $\tau_{a,ij}$ bei Anwendung von g in eine Linearkombination der $\tau_{a,ij}$ über. Bezeichnet f_a die Projektion von f auf E_a, dann ist wegen der Vollständigkeit $f = \sum_a f_a$ und $H = \bigcap_a G_{f_a}$. Dann gibt es aber endlich viele Indices $a_1, \ldots, a_r$ so, daß $H = G_{f_{a_1}} \cap \ldots \cap G_{f_{a_r}}$ ist. Denn wenn wir sukzessive Durchschnitte von immer mehr abgeschlossenen Untergruppen bilden, so passiert bei jedem Schnitt entweder gar nichts, oder die Dimension oder die Anzahl der Zusammenhangskomponenten fällt. Deshalb passiert fast nie, d.h. nur endlich viele Male etwas.

Setzen wir nun $E = E_{a_1} + \ldots + E_{a_r}$, so ist E ein endlichdimensionaler G-Modul, und die Standgruppe am Punkte $f_{a_1} + \ldots + f_{a_r}$ ist genau H. E.d.B.

Der Beweis von Hilfssatz 2 (vergl. [12], Prop. 4, p. 191) beginnt mit einer Anwendung von Hilfssatz 1: Wir wählen eine Darstellung $G \longrightarrow U(n)$, bei der $\{1\}$

als Standgruppe vorkommt! Diese Darstellung ist dann insbesondere "treu" (injektiv). Sei $\tau: H \longrightarrow U(n)$ ihre Einschränkung auf H. $\bar\tau$ bezeichne die konjugiert komplexe Darstellung zu τ.

Wir werden zeigen, daß jede irreduzible Darstellung σ von H als H-Untermodul einer Darstellung der Form $\tau \otimes \ldots \otimes \tau \otimes \bar\tau \otimes \ldots \otimes \bar\tau$ vorkommt. Daraus folgt dann sofort Hilfssatz 2, denn da τ Einschränkung einer Darstellung von G ist, so sind es auch $\tau \otimes \ldots \otimes \tau \otimes \bar\tau \otimes \ldots \otimes \bar\tau$ und alle endlichen direkten Summen von Darstellungen dieser Form, und deshalb ist jede komplexe und damit auch jede reelle H-Darstellung in der Weise in einer G-Darstellung "enthalten", wie es im Hilfssatz 2 gefordert wird.

Sei also σ eine irreduzible unitäre Darstellung von H und wir nehmen an, σ käme niemals als H-Untermodul einer Darstellung $\tau \otimes \ldots \otimes \tau \otimes \bar\tau \otimes \ldots \otimes \bar\tau$ vor. Es sei $f \in L^2(H)$ eine der Koeffizientenfunktionen von σ. Wegen der Schurschen Orthogonalitätsrelationen würde dann f in $L^2(H)$ auf allen Koeffizientenfunktionen von $\tau \otimes \ldots \otimes \bar\tau$ senkrecht stehen. Was sind aber diese Koeffizientenfunktionen? Es sind gerade sämtliche endlichen <u>Produkte</u>, die aus den Koeffizientenfunktionen von τ und $\bar\tau$ gebildet werden können! Wir erhalten also, daß f auf der von $\{\tau_{ij}, \bar\tau_{kl}\}_{i,j,k,l=1,\ldots,n}$ erzeugten Algebra, und damit auch auf der von den Real- und Imaginärteilen der τ_{ij} erzeugten reellen Algebra, senkrecht steht. Diese Algebra <u>trennt</u> jedoch die Punkte von H, weil $\tau: H \longrightarrow U(n) \subset \mathbb{C}^{n^2}$ injektiv ist, und da offenbar für kein $h \in H$ alle $\tau_{ij}(h) = 0$ sein können, folgt aus dem Stoneschen Approximationssatz, daß die Algebra in $L^2(H)$ <u>dicht</u> liegt. Also würde $f = 0$ folgen, das ist ein Widerspruch, und damit sind Hilfssatz 2 und Einbettungssatz bewiesen.

3.3. Die Abzählbarkeit der G-Aktionen auf X.

Als eine Anwendung des Einbettungssatzes beweisen wir:

<u>Satz</u> (R. Palais [52] 1961): Sei G eine kompakte Liegruppe und X eine kompakte differenzierbare Mannigfaltigkeit. Dann gibt es bis auf äquivariante Diffeomorphie höchstens abzählbar viele verschiedene G-Aktionen auf X.

<u>Beweis:</u> Zunächst bemerken wir, daß es nur abzählbar viele Darstellungen von G gibt

(bis auf Äquivalenz, natürlich), das folgt auch aus den Schurschen Orthogonalitätsbeziehungen. Da jede kompakte G-Mannigfaltigkeit in eine Darstellung einbettbar ist, brauchen wir nur zu zeigen, daß es zu einer festen Darstellung $\tau: G \longrightarrow GL(n,\mathbb{R})$ bis auf äquivariante Diffeomorphie höchstens abzählbar viele G-Untermannigfaltigkeiten von $\mathbb{R}^n$ geben kann, die zu X diffeomorph sind. Wir denken uns also von nun an $\mathbb{R}^n$ vermöge τ als G-Mannigfaltigkeit.

Jetzt betrachten wir einen eigentlich viel zu großen, dafür aber linearen Raum, nämlich den Vektorraum aller C^∞-Abbildungen von X in $\mathbb{R}^n$. Diesen unendlichdimensionalen Vektorraum versehen wir mit der C^1-Topologie, das wird so gemacht: Wir wählen auf X eine Riemannsche Metrik. Dann ist auch jeder Tangentialraum T_xX von X mit einer Metrik, insbesondere einer <u>Norm</u> versehen, und deshalb können wir von der Norm einer linearen Abbildung $T_xX \longrightarrow \mathbb{R}^n$ sprechen. Ist $f: X \longrightarrow \mathbb{R}^n$ eine differenzierbare Abbildung, so induziert f an jeder Stelle eine lineare Abbildung, nämlich das Differential $df_x: T_xX \longrightarrow \mathbb{R}^n$, und wir erklären die C^1-Norm von f durch $\|f\|_1 = \sup_{x \in X}\|f(x)\| + \sup_{x \in X}\|df_x\|$. Den Raum der C^∞-Abbildungen von X nach $\mathbb{R}^n$, versehen mit dieser C^1-Norm, bezeichnen wir mit $C^1(X,\mathbb{R}^n)$.

Uns interessiert der (nichtlineare) Unterraum $E = \{f \in C^1(X,\mathbb{R}^n) \mid f$ ist Einbettung und $f(X) \subset \mathbb{R}^n$ ist G-invariant$\}$, denn jedes $f \in E$ erklärt eine G-Aktion auf X, und offenbar erhalten wir so alle in $\mathbb{R}^n$ äquivariant einbettbaren G-Aktionen auf X. Wir versehen E mit der von $E \subset C^1(X,\mathbb{R}^n)$ induzierten Topologie.

Die für uns wichtigste Eigenschaft dieser C^1-Topologie ist nun, daß $C^1(X,\mathbb{R}^n)$ (und damit auch E) eine abzählbare Basis der Topologie besitzt. Um das zu zeigen, genügt es bei einem metrischen Raum eine abzählbare dichte Teilmenge zu finden, für $C^1(X,\mathbb{R})$ kann man es zum Beispiel so machen: Man bettet X in $\mathbb{R}^m$ ein, dann kann man jede C^∞-Abbildung $X \longrightarrow \mathbb{R}^n$ zu einer C^∞-Abbildung von $\mathbb{R}^m \longrightarrow \mathbb{R}^n$ fortsetzen, und diese approximiert man dann auf X in der C^1-Norm durch <u>Polynomabbildungen</u> $\mathbb{R}^m \longrightarrow \mathbb{R}^n$ mit <u>rationalen Koeffizienten.</u>

In einem Raum mit abzählbarer Basis der offenen Mengen kann es natürlich höchstens abzählbar viele paarweise disjunkte offene Mengen geben. Und nun sieht man, worauf wir mit dieser C^1-Topologie hinaus wollen: Erklären wir für f, $f' \in E$:

$f \sim f' \iff$ Die durch f und f' auf

X erklärten G-Aktionen sind äquivariant diffeomorph,

so genügt es für unseren Satz zu zeigen, daß die dadurch erklärten Äquivalenzklassen
<u>offene</u> Teilmengen von E sind.

Sei also $f_o \in E$. Wir müssen zeigen, daß es ein $\varepsilon > 0$ gibt, so daß für jedes $f \in E$ mit $\|f - f_o\|_1 < \varepsilon$ gilt: $f \sim f_o$.

Es bezeichne N das Normalbündel von $f_o(X)$ in $\mathbb{R}^n$. N ist ein G-Vektorraumbündel, und wie schon beim Beweis des Scheibensatzes bemerkt worden war, gibt es einen äquivarianten Diffeomorphismus einer invarianten Umgebung des Nullschnittes in N auf eine invariante Umgebung U_o von $f_o(X)$ in $\mathbb{R}^n$, der auf dem Nullschnitt die Identität ist. (Bei Einbettungen in $\mathbb{R}^n$ ist das sogar besonders einfach.) Nun wählen wir zunächst ε so klein, daß schon aus $\sup \|f(x) - f_o(x)\| < \varepsilon$ folgt, daß $f(X) \subset U_o$ ist. Alle f mit $\|f - f_o\|_1 < \varepsilon$ können dann jedenfalls als Einbettungen in N betrachtet werden.

Schreibt man nun $\sup_x \|df_x - df_{ox}\|$ auch noch als klein genug vor, dann kann man erreichen, daß $f(X)$ jede Faser von N genau einmal und zwar transversal trifft, daß also Vorkommnisse wie diese ausgeschlossen sind:

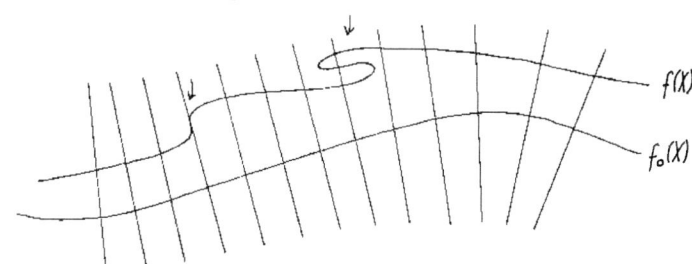

Indem ich den Beweis davon nicht ausführe, übergehe ich nur etwas Infinitesimalrechnung. Damit sind wir aber am Ende des Beweises angekommen: Es folgt nun, daß die Bündelprojektion $N \longrightarrow f_o(X)$ einen Diffeomorphismus $f(X) \longrightarrow f_o(X)$ induziert, und da die Bündelprojektion eines G-Vektorraumbündels natürlich äquivariant ist, ist somit der Satz bewiesen.

Es kommt vor, daß eine kompakte Mannigfaltigkeit nur endlich viele G-Aktionen gestattet, jedoch läßt sich der eben geführte Beweis keineswegs zu einem Endlichkeitsbeweis verbessern: Es gibt auch kompakte Mannigfaltigkeiten, auf denen unendlich viele verschiedene G-Aktionen möglich sind.

Auf nichtkompakten Mannigfaltigkeiten sind im allgemeinen überabzählbar viele G-Aktionen möglich (vergl. Palais-Richardson [53] und Abschnitt 4 in § 9).

Kapitel II: Einige G-Mannigfaltigkeiten mit besonders einfacher Orbitstruktur

§ 4. Scheibendiagramme

4.1. Scheibentypen. In der Literatur besteht keine Einigkeit über den Gebrauch des Wortes "Orbitstruktur", obwohl immerhin soviel feststeht, daß die Kenntnis der Orbitstruktur einer G-Mannigfaltigkeit jedenfalls die Kenntnis aller ihrer Orbittypen einschließen soll. Um das Wort nicht durch eine weitere Definition zu belasten, möchte ich meine Version der Orbitstruktur von X das __Scheibendiagramm__ von X nennen. Dazu definiere ich zunächst in Analogie zum Begriff des "Orbittypes":

__Definition:__ Sei G eine kompakte Liegruppe, H und H' abgeschlossene Untergruppen von G und σ, σ' reelle Darstellungen von H bzw. H'. Dann repräsentieren (H,σ) und (H',σ') denselben __Scheibentyp__ (genauer: G-Scheibentyp) $\iff$ Es gibt ein $g \in G$ mit $H' = gHg^{-1}$, so daß die Darstellungen σ und $\sigma' \circ g \ldots g^{-1}$ äquivalent sind. Der von (H,σ) repräsentierte Scheibentyp wird mit $[H,\sigma]$ bezeichnet.

Mit $\sigma' \circ g \ldots g^{-1}$ meine ich natürlich die durch das folgende Diagramm gegebene Darstellung von H:

$$\begin{array}{ccc} & H & \\ g \ldots g^{-1} \downarrow & \searrow & \\ H' & \longrightarrow & GL(V') \end{array}$$

__Definition:__ Ist X eine G-Mannigfaltigkeit und $G_x \longrightarrow GL(V_x)$ die Scheibendarstellung am Punkte $x \in X$, dann heißt $[G_x, G_x \longrightarrow GL(V_x)]$ ein __Scheibentyp von__ X.

__Definition:__ Seien $[U,\tau]$ und $[H,\sigma]$ zwei G-Scheibentypen. Dann definieren wir: $[U,\tau] \leqslant [H,\sigma] \iff [H,\sigma]$ ist ein Scheibentyp der G-Mannigfaltigkeit $G \times_U \tau$.

Dabei habe ich den durch die Darstellung τ gegebenen U-Modul auch mit τ bezeichnet, was man wohl ohne Gefahr tun kann. Ist $[U,\tau] = [U',\tau']$, so sind $G \times_U \tau$ und $G \times_U \tau'$ äquivariant, so daß unsere Definition wirklich nicht von der Auswahl des Repräsentanten in $[U,\tau]$ abhängt.

Durch diese Relation "$\leq$" wird die Menge der G-Scheibentypen zu einer teilweise geordneten Menge. Für die Orbittypen wird dabei die schon früher erklärte Ordnungsrelation induziert.

Ebenso einfach, wie wir früher mittels des Scheibensatzes durch Induktion gezeigt hatten, daß eine kompakte G-Mannigfaltigkeit nur endlich viele Orbittypen hat, kann man auch zeigen, daß eine kompakte G-Mannigfaltigkeit nur endlich viele Scheibentypen besitzt.

4.2. Scheibendiagramme.

Definition: Ist X eine G-Mannigfaltigkeit, dann heißt die teilweise geordnete Menge der Scheibentypen von X das <u>Scheibendiagramm</u> $\Delta(X)$ von X .

Offensichtlich enthält ein solches Scheibendiagramm mit jedem Scheibentyp auch alle größeren. Wir definieren daher ohne Bezug auf ein X :

Definition: Eine Teilmenge Δ der teilweise geordneten Menge aller G-Scheibentypen heißt ein (abstraktes) <u>Scheibendiagramm</u>, wenn mit jedem Element aus Δ auch alle größeren Elemente zu Δ gehören.

Satz: Jedes endliche (abstrakte) Scheibendiagramm ist das Scheibendiagramm einer kompakten G-Mannigfaltigkeit (deren Zusammenhangskomponenten nicht notwendig alle die gleiche Dimension zu haben brauchen).

Beweis: Seien $[U_1,\tau_1]$,..., $[U_r,\tau_r]$ die Elemente des Scheibendiagrammes Δ . Dann ist die disjunkte Vereinigung E der $G \times_{U_i} \tau_i$ eine nichtkompakte G-Mannigfaltigkeit, (sofern nicht alle τ_i nulldimensional sind)deren Scheibendiagramm Δ ist. Wir bekommen aber auch ganz leicht eine kompakte G-Mannigfaltigkeit X mit $\Delta(X) = \Delta$: E ist ja ein G-Vektorraumbündel, wir führen eine invariante Metrik ein und kleben zwei Kopien von $DE = \{e \in E \mid \|e\| \leq 1\}$ am Rand zusammen. X entsteht also durch "Verdopplung" der kompakten berandeten G-Mannigfaltigkeit DE .   E.d.B.

Verlangen wir von X nicht, daß es kompakt sein soll, so läßt sich natürlich <u>jedes</u> abstrakte Scheibendiagramm realisieren. Wir können auf die Bezeichnung "abstrakt" also in jedem Falle verzichten.

Warum heißt ein Scheibendiagramm "Diagramm"? Weil wir uns ein endliches Scheibendiagramm, wie jede endliche teilweise geordnete Menge, sehr schön durch seinen "Graphen" graphisch dargestellt denken können. Der <u>Graph</u> einer endlichen teilweise geordneten Menge ist ein eindimensionaler simplizialer Komplex mit <u>gerichteten</u> 1-Simplizes, dessen Eckpunkte die Elemente der Menge sind, und in dem a und b durch ein von a nach b gerichtetes 1-Simplex verbunden sind, wenn $a < b$, aber für kein c $a < c < b$ gilt.

Übrigens kann man auch in den unendlichen Scheibendiagrammen die Ordnungsrelation durch einen solchen Graphen beschreiben, weil die Scheibendiagramme lokal endlich in dem Sinne sind, daß zwischen zwei Elementen, ja sogar oberhalb eines jeden einzelnen nur endlich viele Elemente liegen können.

Für ein endliches Scheibendiagramm können wir uns ein Bild seines Graphen in die Ebene zeichnen, so daß kein 1-Simplex waagrecht liegt und alle nach oben gerichtet sind. Wir zeichnen dazu die minimalen Punkte alle nebeneinander, danach die im Komplement minimalen Punkte auch nebeneinander, aber höher als der erste Punktsatz usw.,dann zeichnen wir die 1-Simplices ein. Wir müssen nur vermeiden, daß dabei Eckpunkte ins Innere von 1-Simplices zu liegen kommen, und die unvermeidlichen Überkreuzungen der 1-Simplices müssen wir ignorieren. Nach dieser Anleitung wollen wir diese Graphen auch immer zeichnen, damit man die Mengen der "jeweils minimalen" Elemente auf einen Blick sieht.

Natürlich kann nicht <u>jede</u> endliche teilweise geordnete Menge durch ein Scheibendiagramm realisiert werden, zum Beispiel diese nicht: $\diagdown\diagup$.
Nennen wir nämlich ein Scheibendiagramm <u>zusammenhängend</u>, wenn sein Graph zusammenhängend

ist, so gilt:

<u>Satz:</u> Jedes zusammenhängende Scheibendiagramm Δ hat ein absolutes Maximum von der Form $[H, \text{trivial}]$.

<u>Beweis:</u> Es ist dies einfach eine Anwendung des Satzes vom Hauptorbittyp. Die Scheibendarstellung an einem Hauptorbit ist immer trivial (warum?), bei G-Mannigfaltigkeiten mit zusammenhängendem Orbitraum haben wir also einen eindeutig bestimmten "Hauptscheibentyp" von der Form $[H, \text{trivial}]$. Seien nun $[H_i, \text{triv}]$ die Hauptscheibentypen der $G \times_{U_i} \tau_i$, für $[U_i, \tau_i] \in \Delta$. Dann sind die $[H_i, \text{triv}]$ genau die maximalen Elemente in Δ, und wir müssen zeigen, daß $[H_i, \text{triv}] = [H_j, \text{triv}]$ für alle i,j gilt. Das Diagramm Δ_i von $G \times_{U_i} \tau_i$ ist Teildiagramm von Δ und $\Delta = \bigcup \Delta_i$. Für $\Delta_i \cap \Delta_j \neq \emptyset$ gilt jedenfalls $[H_i, \text{triv}] = [H_j, \text{triv}]$ nach dem Satz vom Hauptorbittyp, und die Behauptung folgt sofort aus dem Zusammenhang von Δ. E.d.B.

Ist X/G zusammenhängend, dann ist nach dem Satz vom Hauptorbittyp auch $\Delta(X)$ zusammenhängend. Umgekehrt gilt:

<u>Satz:</u> Jedes endliche zusammenhängende Scheibendiagramm Δ mit $\dim \Delta/G > 1$ ist das Scheibendiagramm einer kompakten G-Mannigfaltigkeit mit zusammenhängendem Orbitraum.

<u>Bemerkung:</u> In einem zusammenhängenden Scheibendiagramm hängen $\dim G \times_U \tau$ und $\dim (G \times_U \tau)/G$ nicht von der Auswahl eines Elements $[U, \tau] \in \Delta$ ab, so daß wir von $\dim \Delta$ und $\dim \Delta/G$ sprechen können.

<u>Beweis des Satzes:</u> Es seien X_1 und X_2 zwei G-Mannigfaltigkeiten mit dem Hauptscheibentyp $[H,k] = [H, k\text{-dim triviale Darstellung}]$, und es seien X_1/G und X_2/G zusammenhängend und $k > 1$. Dann gibt es äquivariante Einbettungen $\varphi_i: G/H \times D^k \longrightarrow X_i$, $i = 1,2$, und mit deren Hilfe definieren wir eine dritte G-Mannigfaltigkeit X, indem wir die berandeten G-Mannigfaltigkeiten $X_1 - \varphi_1(G/H \times \frac{1}{2} \mathring{D}^k)$ und $X_2 - \varphi_2(G/H \times \frac{1}{2} \mathring{D}^k)$ an den Rändern zusammenkleben. Offenbar ist dann auch X/G zusammenhängend und $\Delta(X) = \Delta(X_1) \cup \Delta(X_2)$.

Sind nun wieder $[U_1, \tau_1], \ldots, [U_r, \tau_r]$ die Elemente von Δ, so haben die

$E_i = G \times_{U_i} \tau_i$ alle denselben Hauptscheibentyp $\max \Delta$, und definieren wir X_i durch Verdoppelung von DE_i , so trifft das auch für die X_i zu. Die X_i sind kompakt und X_i/G ist zusammenhängend und mindestens zweidimensional. Man erhält die gesuchte G-Mannigfaltigkeit durch (r-1)-faches Anwenden des oben beschriebenen Vorganges. E.d.B.

4.3. Einige Beispiele und Bemerkungen. Einige triviale Beispiele für zusammenhängende Scheibendiagramme: Die Graphen der zusammenhängenden Scheibendiagramme für Involutionen (G = Z_2) , die aus mehr als einem Punkt bestehen, sehen natürlich so aus:

Das Diagramm der sogenannten Knotenmannigfaltigkeiten besteht aus drei Punkten: Betrachtet man die durch die Spiegelungen an den Achsen in $\mathbb{R}^2$ definierte Aktion von $Z_2 \times Z_2$ auf $\mathbb{R}^2$, so erhält man ein Diagramm der Gestalt:

, dies ist einer der fünf möglichen Graphen von zusammenhängenden vierpunktigen Scheibendiagrammen, die anderen sind:

und sie kommen auch alle wirklich vor.

Es versteht sich von selbst, daß wir mit dem hier gesagten, einschließlich der in 4.2. als "Sätze" hervorgehobenen Aussagen, nur eine <u>Terminologie</u> eingeführt haben. Mehr ist auch nicht beabsichtigt. Es gibt natürlich naheliegende echte Probleme im Zusammenhang mit Scheibendiagrammen, aber sie sind zumeist ungelöst. Zum Beispiel wäre es wichtig, mehr über die Orbitstruktur der <u>Darstellungen</u> zu wissen (vergl. [25]). Zu den wenigen darüber bekannten Resultaten gehört die von M. Krämer [31] in seiner unter Leitung von J. Tits geschriebenen Diplomarbeit durchgeführte Bestimmung der Hauptstandgruppen fast aller Darstellungen kompakter einfacher Liegruppen. (M. Krämer hat auch (unveröffentlicht) die Scheibendiagramme gewisser Darstellungen von SO(3) und der SU(n) bestimmt, darunter das zur Verschönerung dieses Manuskriptes auf der nächsten Seite wiedergegebene Diagramm der Darstellung von SU(12) im Raum der schiefsymmetrischen komplexen Bilinearformen.)

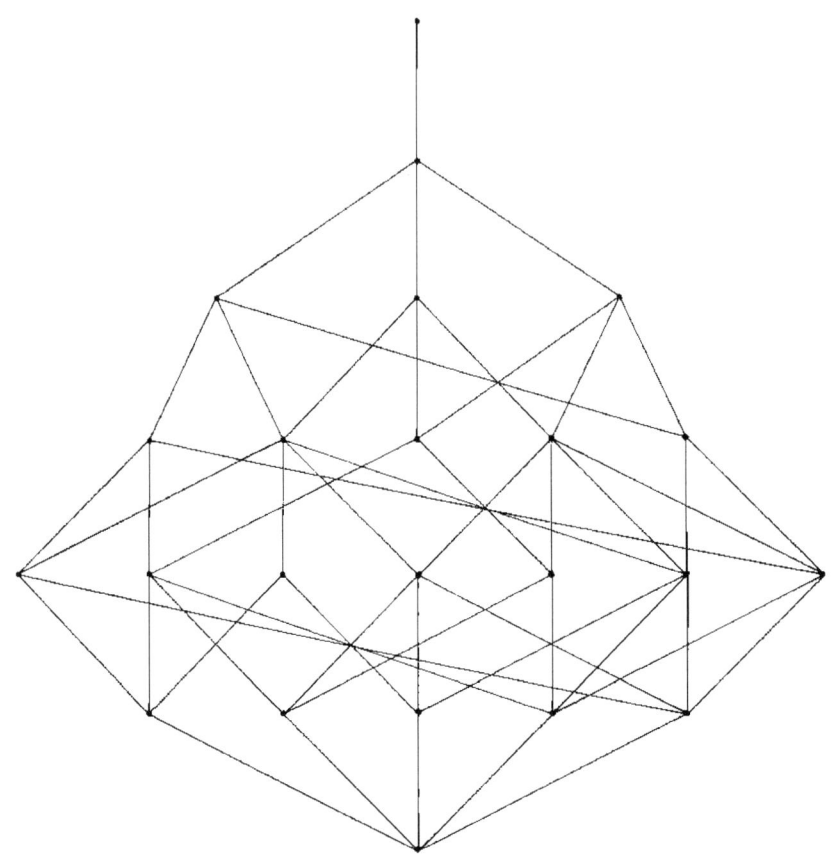

§ 5. Klassifikation der "speziellen" G-Mannigfaltigkeiten

5.1. Zweipunktige Scheibendiagramme. Betrachten wir einmal ein zusammenhängendes Scheibendiagramm mit genau zwei Eckpunkten. Dann hat der durch τ gegebene U-Modul, den wir auch wieder mit τ bezeichnen, außer Fixpunkten nur noch <u>einen</u> weiteren Orbittyp. Aus der Definition des Begriffes Scheibendiagramm folgt zunächst, daß es in $G \times_U \tau$ außer (U) nur noch einen weiteren Orbit-

$[U,\tau]$

typ gibt, und deshalb sind alle $G_{[g,v]} = gU_v g^{-1}$ mit $U_v \neq U$ zueinander in G konjugiert. Für den U-Modul τ bedeutet das zumindest, daß alle von U verschiedenen Standgruppen jedenfalls <u>isomorph</u> sind, und dann folgt aus dem Satz vom Hauptorbittyp ($\Rightarrow$ Hauptorbittyp absolutes Maximum der Orbittypen), daß sie sogar alle zueinander in U konjugiert sein müssen.

Übrigens ist das eine Besonderheit dieser zweipunktigen Diagramme. Im allgemeinen hat die G-Mannigfaltigkeit $G \times_H V$ weniger Orbittypen als die H-Mannigfaltigkeit V, weil eben zwei Untergruppen von H eher in G als in H konjugiert sind.

Nun sei $\tau': U \longrightarrow O(k)$ der nichttriviale Anteil von τ, also $\tau = \tau' \oplus$ triviale Darstellung, und der einzige Fixpunkt von τ' ist der Nullpunkt in $\mathbb{R}^k$. Dann gibt es zwei wesentlich verschiedene Fälle:

<u>1. Fall:</u> U operiert (vermöge τ') auf S^{k-1} <u>nicht</u> transitiv. Typisches Beispiel: $\tau': S^1 \longrightarrow U(n) \subset O(2n)$, gegeben durch

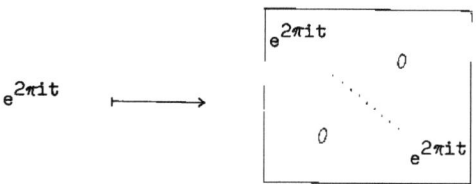

<u>2. Fall:</u> U operiert auf S^{k-1} transitiv. Wir sagen dann, τ' ist eine <u>transitive</u> Darstellung. Typisches Beispiel: $U = SO(k)$, $\tau': SO(k) \subset O(k)$.

Beide Fälle kommen in interessanten Beispielen in der Literatur vor (z.B. [8] für Fall 1, [7], [19] für Fall 2). Sie können jedoch nicht gut einheitlich behandelt werden, und wir werden uns hier nur mit dem zweiten Fall beschäftigen.

5.2. "Spezielle" G-Mannigfaltigkeiten.
Etwas allgemeiner definieren wir:

<u>Definition:</u> Ein Scheibendiagramm von der Gestalt

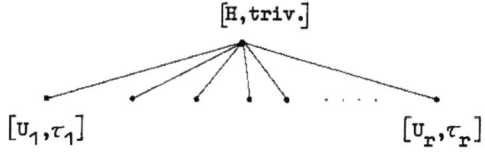

heißt <u>speziell</u> $\iff$ Jedes τ_i ist direkte Summe einer transitiven Darstellung τ_i' und einer trivialen Darstellung. Eine G-Mannigfaltigkeit X heißt speziell, wenn $\Delta(X)$ speziell ist.

Die auffallendste geometrische Eigenschaft der speziellen G-Mannigfaltigkeiten ist, daß ihre Orbiträume X/G in kanonischer Weise differenzierbare Mannigfaltigkeiten mit Rand sind. Um das einzusehen, benutzen wir den Scheibensatz, um uns eine Umgebung eines Orbits Gx als $G \times_{G_x} V_x$ darzustellen. In kanonischer Weise ist $(G \times_{G_x} V_x)/G = V_x/G_x$. Ist Gx ein Hauptorbit, dann ist $V_x/G_x = V_x$, die Hauptorbits bilden in X/G eine offene (dichte) Teilemenge mit der Struktur einer differenzierbaren Mannigfaltigkeit. (Vergl. Abschnitt 2.1). Für die anderen Orbits, das heißt in unserem Falle für solche vom Typ (U_i), ist $V_x/G_x = \tau_i/U_i$ ein <u>Halbraum</u>, denn τ_i'/U_i ist eine Halbgerade:

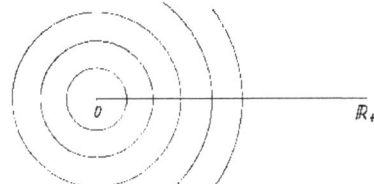

und wenn wir zu τ_i' einen trivialen U_i-Modul F_i hinzuaddieren, dann ist der Quotient dieser direkten Summe natürlich einfach $\mathbb{R}_+ \times F_i$. Ohne das nun noch weiter auszuführen, will ich diese Beobachtung in einem Satz zusammenfassen:

<u>Satz:</u> Ist X eine spezielle G-Mannigfaltigkeit mit dem Scheibendiagramm

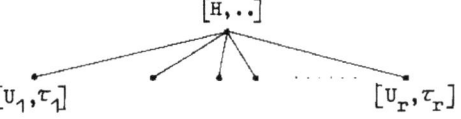

Dann ist X/G in kanonischer Weise eine differenzierbare Mannigfaltigkeit mit Rand, die Hauptorbits bilden das Innere von X/G, die Orbits vom Typ (U_i) jeweils eine offene und abgeschlossene Teilmenge des Randes von X/G.

5.3. Die Klassifikationsaufgabe. Wir wollen nun versuchen, alle speziellen G-Mannigfaltigkeiten zu einem vorgegebenen Scheibendiagramm zu klassifizieren. Zuvor möchte ich aber einige allgemeine Bemerkungen über das Klassifizieren von G-Mannigfaltigkeiten machen, und zwar am Beispiel der differenzierbaren G-Prinzipalbündel, die ja nichts anderes sind als die freien G-Mannigfaltigkeiten [Zur Erinnerung: $G_x = \{1\}$ alle x].

Wie bekannt, geschieht die Klassifizierung der Prinzipalbündel mittels der klassifizierenden Räume; zu jedem G kann man einen Raum BG konstruieren, so daß in bestimmter Weise die Isomorphieklassen von G-Prinzipalbündeln über X mit den Homotopieklassen von Abbildungen von X in BG in einer bijektiven Beziehung stehen. In diesem Sinne ist also die Klassifikationsaufgabe gelöst. Das bedeutet aber nicht, daß sich nun alle Klassifikationsprobleme über G-Prinzipalbündel leicht mit diesem allgemeinen Resultat lösen lassen. Zum Beispiel: Statt nach allen G-Prinzipalbündeln mit der Basis X fragt man nach allen G-Prinzipalbündeln, die X als Totalraum haben, mit anderen Worten: Welche freien G-Aktionen gibt es auf einem vorgegebenen X ? Um ein ganz konkretes Beispiel zu nennen: Sei $G = S^1$ und $X = S^n$. Gibt es bis auf äquivariante Diffeomorphie endlich oder unendlich viele freie S^1-Aktionen auf S^n ? Das ist ein ungelöstes Problem; und die Klassifikation der S^1-Bündel durch Homotopieklassen von Abbildungen in den unendlichen komplex-projektiven Raum hilft bei der Behandlung des Problems ein bißchen, aber ziemlich wenig.

Für unsere "speziellen G-Mannigfaltigkeiten" werden wir jetzt eine ziemlich leicht zugängliche Version des Klassifikationsproblems betrachten, und unser Klassifikationssatz beansprucht keineswegs, die Klassifikation der speziellen G-Mannigfaltigkeiten zu gegebenem Scheibendiagramm "erledigt" zu haben.

Der Bequemlichkeit halber wollen wir $r = 1$ annehmen, d.h. nur spezielle G-Mannigfaltigkeiten mit dem Scheibendiagramm Δ betrachten. Es wird stets ganz klar sein, wie man alles, was wir für (U,τ) machen, für $(U_1,\tau_1),\ldots,(U_r,\tau_r)$ gleichzeitig ebenso tun könnte.

$\Delta: \begin{array}{c} [H,\text{triv.}] \\ | \\ [U,\tau] \end{array}$

Die Dimension des Fixpunktraumes von τ sei $n - 1$ (damit X/G die Dimension n bekommt), U operiere vermöge τ transitiv auf der Sphäre S^{k-1} von $\mathbb{R}^k \times \{0\}$ und trivial auf $\{0\} \times \mathbb{R}^{n-1}$. Ist $e = (1,0,\ldots,0) \in S^{k-1}$, dann können wir Repräsentanten der Scheibentypen auch so wählen, daß $U_e = H$, womit dann eine Identifizierung von U/H mit S^{k-1} festgelegt ist.

Es sei nun X eine kompakte spezielle G-Mannigfaltigkeit mit dem vorgegebenen Scheibendiagramm. Sei $Y = X_{(U)} = \{x \in X \mid (G_x) = (U)\}$, also das Bündel der Orbits vom Typ (U) . $X - Y$ ist dann das Hauptorbitbündel. Wir sehen: X bestimmt eine n-dimensionale berandete Mannigfaltigkeit $M = X/G$, und X ist zerlegt in ein differenzierbares Faserbündel (Faser G/H , Gruppe N_H/H) über $M - \partial M$ und ein differenzierbares Faserbündel (Faser G/U , Gruppe N_U/U) über ∂M .

Diese Daten genügen jedoch nicht, um X festzulegen. Es fehlte, wenn nur M und die beiden Bündel gegeben wären, eine Information darüber, welche Topologie und differenzierbare Struktur die disjunkte Vereinigung $(X - Y) \cup Y$ haben soll. Herauszufinden, wie diese Information in X verborgen ist und wie man sie in übersichtlicher Weise beschreiben kann, ist der wichtigste Schritt bei der Lösung dieser Klassifikationsaufgabe.

5.4. Der Vorgang "O" . Zunächst wollen wir dazu in ganz kanonischer Weise das Hauptorbitbündel zu einem Bündel über ganz M fortsetzen, wodurch es insbesondere kompakt wird. Grob gesagt, machen wir das so: Wir ersetzen $X - Y$ durch $X - ($ Inneres einer Tubenumgebung von Y). Das ist dann ein Bündel über $M - ($ Kragen von M $) \cong M$. Es lohnt sich aber, dies gleich von vornherein von der Wahl einer Tubenumgebung und eines Isomorphismus $M - $ Kragen $M \cong M$ unabhängig zu machen. Das geschieht so: Wir betrachten das Normalbündel N von Y in X . Wir haben dann $Y \subset N$ als Nullschnitt. Ohne eine Metrik einführen zu müssen, können wir das Sphärenbündel von N als $\Sigma N = (N-Y)/\mathbb{R}^*_+$ erklären, wo $\mathbb{R}^*_+ = \{x \in \mathbb{R} \mid x > 0\}$ durch Multiplikation auf den Fasern von $N - Y$ operiert. Über ΣN haben wir das "Zylinderbündel" CN : Faser im Punkte $\mathbb{R}^*_+ v$ ist $\mathbb{R}v$. Das ist also ein triviales Geradenbündel über ΣN , und wir definieren dessen "positive Hälfte" $C_+N \subset CN$: In der Faser $\overline{\mathbb{R}^*_+ v}$ sollen genau die Punkte in $\mathbb{R}_+ v$ zu C_+N gehören. Dann ist C_+N insbesondere eine berandete G-Mannigfaltigkeit mit $\partial(C_+N) = \Sigma N$.

Um diesen Vorgang nun auf X zu übertragen, wählen wir eine äquivariante Tubenabbildung $T: W \longrightarrow W' \subset X$ von einer invarianten Umgebung W des Nullschnittes in N auf eine invariante Umgebung W' von Y in X . Wie beim Beweis des Scheibensatzes konstruieren wir T mit der Exponentialabbildung einer invarianten Metrik; T

hat dann auch die dort nicht erwähnte Eigenschaft, daß die induzierte Abbildung
$T_*: N \longrightarrow N$ des Normalbündels von Y in N in das Normalbündel von Y in X die Identität ist.

Sei nun $\pi: C_+N \longrightarrow N$ die kanonische Abbildung (die übrigens einen äquivarianten Diffeomorphismus $C_+N - \Sigma N \longrightarrow N - Y$ induziert). Sei $C_+W = \pi^{-1}(W)$. Die Tubenabbildung T induziert eine Abbildung $T': C_+U \longrightarrow (X - Y) \cup \Sigma N$, und es gibt genau eine differenzierbare Struktur auf $(X - Y) \cup \Sigma N$, in Bezug auf die T' zu einem Diffeomorphismus auf $(W - Y) \cup \Sigma N$ wird und die auf $X - Y$ die gegebene Struktur ist.

Definition: Die disjunkte Vereinigung $(X - Y) \cup \Sigma N$, versehen mit der soeben genannten differenzierbaren Struktur, werde $X \odot Y$ genannt. $X \odot Y$ ist dann eine differenzierbare G-Mannigfaltigkeit mit Rand $\partial(X \odot Y) = \Sigma N$.

Hilfssatz: $X \odot Y$ hängt nicht von T ab.

Wir haben dabei gar nicht ausgenutzt, daß X eine spezielle G-Mannigfaltigkeit und Y ein abgeschlossenes Orbitbündel ist. Dieselbe Konstruktion ist durchführbar für jede kompakte (sogar jede abgeschlossene) invariante Untermannigfaltigkeit Y einer G-Mannigfaltigkeit X.

Bemerkung: Der Prozess ist keineswegs eindeutig umkehrbar. Ist zum Beispiel Σ^n, $n \geq 7$, eine n-dimensionale <u>exotische</u> Sphäre, d.h. Σ^n ist eine differenzierbare Mannigfaltigkeit, die homöomorph aber nicht diffeomorph zu S^n ist, dann gilt $\Sigma^n \odot pt = D^n = S^n \odot pt$. Daran sieht man, daß man X nicht einmal dann rekonstruieren kann, wenn man $X \odot Y$, Y und die Projektion $\partial(X \odot Y) \longrightarrow Y$ kennt.

Hilfssatz zur Umkehrung von $\odot$: Sei $\tilde{X}$ eine berandete G-Mannigfaltigkeit, N ein G-Vektorraumbündel über einer kompakten G-Mannigfaltigkeit Y und $\varphi: \Sigma N \longrightarrow \partial \tilde{X}$ ein äquivarianter Diffeomorphismus. Wir wählen eine invariante Metrik in N. Sei X eine Anheftung $\tilde{X} \cup_\varphi DN$. [Zwei differenzierbare berandete Mannigfaltigkeiten durch einen Diffeomorphismus der Ränder zusammenzuheften ist ein in der Differentialtopologie wohlbekannter Vorgang. Als topologische G-Mannigfaltigkeit ist $\tilde{X} \cup_\varphi DN$ wohldefiniert, als differenzierbare G-Mannigfaltigkeit jedoch nur bis auf äquivariante Diffeomorphie, die Konstruktion hängt von der Auswahl äquivarianter Kragen ab. Deshalb "eine" und nicht "die" Anheftung]. Dann ist in kanonischer Weise $Y \subset X$ und N das Normalbündel dieser Inklusion. <u>Behauptung:</u> Es gibt einen äquivarianten Diffeomorphismus $\psi: \tilde{X} \longrightarrow X \odot Y$, so daß $\psi \cdot \varphi$ die Inklusion $\Sigma N = \partial(X \odot Y) \subset X \odot Y$ ist.

<u>5.5. Der Klassifikationssatz.</u> Nun sei wieder X unsere spezielle G-Mannigfaltigkeit. Dann ist $X \odot Y$ eine berandete G-Mannigfaltigkeit mit nur einem Orbittyp, also ein <u>Orbitbündel</u>, und zwar über M. Die Faser ist G/H, die (von rechts auf G/H operierende) Strukturgruppe ist $\Gamma = N_H/H$, und das assoziierte rechts-Γ-Prinzipalfaserbündel ist $P = \{x \in X \odot Y \mid G_x = H\}$. $X \odot Y$ ist dann kanonisch äquivariant diffeomorph zu $G/H \, {}_\Gamma\!\times P$, und der Rand $\partial(X \odot Y) = \Sigma N$ ist durch $G/H \, {}_\Gamma\!\times P$ gegeben.

Ich will nun zeigen, wie man eine Reduktion σ des Γ-Prinzipalbündels ∂P auf eine gewisse Untergruppe Ω von Γ angeben kann, durch die Y, N und $\Sigma N \xrightarrow{\cong} G/H \, {}_\Gamma\!\times \partial P$ bestimmt sind, so daß man nach dem Hilfssatz ganz X bis auf äquivariante Diffeomorphie aus (P, σ) rekonstruieren kann. [Zur Erinnerung aus der Theorie der Faserbündel: Auf ∂P operiert Γ frei von links, also auch $\Omega \subset \Gamma$, daher hat $\partial P/\Omega$ einen Sinn. $\partial P/\Omega \longrightarrow \partial M$ ist ein Faserbündel über ∂M mit Faser Γ/Ω. Unter einer <u>Reduktion von</u> ∂P <u>auf</u> Ω versteht man einen Schnitt $\sigma: \partial M \longrightarrow \partial P/\Omega$ in diesem Bündel. Man erhält dann ein rechts-Ω-Prinzipalbündel über ∂M, dessen Totalraum einfach $\bigcup_{b \in \partial M} \sigma(b) \subset \partial P$ ist und das wir mit σ^* bezeichnen, weil es das von σ induzierte Bündel ist:

$$\begin{array}{ccc} \sigma^* & \xrightarrow{\subset} & \partial P \\ \downarrow & & \downarrow \text{Faser } \Omega \\ \partial M & \xrightarrow{\sigma} & \partial P/\Omega \end{array}$$

Wie üblich, bezeichnen wir Totalraum und Bündel mit demselben Symbol, in unserem Falle also σ^*.

Ich will nun Ω und σ zunächst einfach einmal angeben. ∂P war als $\{x \in \Sigma N \mid G_x = H\}$ definiert. Sei $p: \Sigma N \longrightarrow Y$ die Bündelprojektion.

Definition und Behauptung: Sei $\Omega = N_H \cap N_U/H$. Dann gibt es genau eine differenzierbare Reduktion σ von ∂P auf Ω mit $\bigcup_{b \in \partial M} \sigma(b) = \{x \in \partial P \mid G_{p(x)} = U\}$.

Eine solche Behauptung nachzuprüfen, ist natürlich nur eine Scheibensatz-Routine. Statt dessen will ich lieber etwas über die geometrische Bedeutung von Ω und σ sagen. Zunächst zu Ω : Als Untergruppe von Γ operiert Ω von rechts auf G/H . Das N_U in der Definition von Ω bewirkt gerade, daß Ω verträglich mit der Projektion $G/H \longrightarrow G/U$ ist, d.h. daß $\omega \in \Omega$ Urbilder von Punkten aus G/U wieder in solche überführt und so einen äquivarianten Diffeomorphismus von G/U auf sich induziert. In der Tat kann man leicht sehen, daß Ω <u>die</u> Automorphismengruppe von $G/H \longrightarrow G/U$ ist. Ist daher "..." ein rechts-Ω-Prinzipalbündel über ∂M , so erhalten wir ein kommutatives äquivariantes Diagramm der assoziierten Bündel:

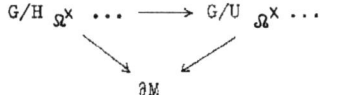

Soviel abstrakt zur Bedeutung von Ω .

Nun <u>haben</u> wir ja ein Diagramm in dem ΣN ein Orbitbündel mit Faser G/H und Y eines mit Faser G/U ist. Es liegt daher nahe zu vermuten, daß sie in der angegebenen Weise zu einem Ω-Bündel

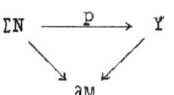

assoziiert sind. Wie findet man dieses Ω-Bündel? Dazu erinnert man sich, wie man ganz allgemein zu einem (rechts-) Faserbündel das assoziierte Prinzipalbündel findet: Die "Prinzipalfaser" über b wird von den "zulässigen" Abbildungen der typischen Faser auf die Faser über b gebildet. In unserem Falle sind das die Paare äquivarianter Diffeomorphismen, die das Diagramm

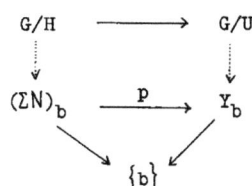

kommutativ ergänzen. Es genügt natürlich, jeweils das Bild von $1H$ in $(\Sigma N)_b$ zu kennen, und es ist klar, daß genau die Punkte von $\{x \in (\Sigma N)_b \mid G_x = H \wedge G_{p(x)} = U\} = \sigma(b)$ als solche Bilder vorkommen. Hat man sich auf diesem Wege zu der oben angegebenen Definition von σ entschlossen und gezeigt, daß σ eine Reduktion von ∂P auf Ω ist, so <u>definiert</u> man

$$\varphi: G/H \underset{\Omega}{\times} \sigma^* \longrightarrow \Sigma N \quad \text{und} \quad \varphi': G/U \underset{\Omega}{\times} \sigma^* \longrightarrow Y$$
$$\text{durch} \quad [gH, x] \longmapsto gx \quad \text{und} \quad [gU, x] \longmapsto gp(x)$$

und beweist:

<u>Satz:</u> φ und φ' sind äquivariante Diffeomorphismen, das Diagramm

$$\begin{array}{ccc} G/H \underset{\Omega}{\times} \sigma^* & \longrightarrow & G/U \underset{\Omega}{\times} \sigma^* \\ \downarrow \varphi & & \downarrow \varphi' \\ \Sigma N & \xrightarrow{p} & Y \end{array}$$

kommutiert und ist verträglich mit den vier Projektionen auf ∂M.

Da σ eine Reduktion von ∂P ist, ist außerdem natürlich
$G/H \underset{\Omega}{\times} \sigma^* \longrightarrow G/H \underset{\Gamma}{\times} \partial P$ ($[gH, x] \longmapsto [gH, x]$) ein äquivarianter Diffeomorphismus, und es ist jetzt ersichtlich, in welchem Sinne man aus (P, σ) allein die Objekte $X \odot Y$, Y, ΣN und den Isomorphismus $\Sigma N \cong \partial(X \odot Y)$ reproduzieren kann. Wir können daher beinahe unseren "Hilfssatz zur Umkehrung von $\odot$" anwenden, was nur noch fehlt ist eine Beschreibung von N durch σ.

Dazu beachten wir, daß U/H durch $uH \longmapsto ue$ mit S^{k-1} identifiziert werden kann. Dadurch sind auch G/H und $G \times_U S^{k-1}$ miteinander identifiziert, weil $G/H =$
$= G \times_U U/H$. so operiert also Ω von rechts auf $G \times_U S^{k-1}$, und diese Aktion läßt sich zu einer Aktion auf $G \times_U \mathbb{R}^k$ fortsetzen, bei der Fasern linear auf Fasern abgebildet werden. Daher ist $(G \times_U \mathbb{R}^k) \underset{\Omega}{\times} \sigma^*$ ein G-Vektorraumbündel über $G/U \underset{\Omega}{\times} \sigma^* = Y$. Und dieses G-Vektorraumbündel "ist" N: Wählt man nämlich eine Metrik in N und identifiziert so ΣN mit SN, so läßt sich

$$(G \times_U S^{k-1}) \underset{\Omega}{\times} \sigma^* \longrightarrow SN$$

zu einem Isomorphismus $(G \times_U \mathbb{R}^k) \underset{\Omega}{\times} \sigma^* \longrightarrow N$ forsetzen.

Sind nun nur M, P und σ gegeben, so <u>definieren</u> wir natürlich $\tilde{X} = G/H \underset{\Gamma}{\times} P$,

$Y = G/U \underset{\Omega}{\times} \sigma^*$, $N = (G \times_U \mathbb{R}^k)_\Omega \times \sigma^*$, und $\varphi: SN \longrightarrow \partial \tilde{X}$ ist dann kanonisch gegeben. Wie im Hilfssatz zur Umkehrung von Θ angegeben, erhalten wir daraus eine spezielle G-Mannigfaltigkeit X , deren "(P,σ)-Paar" zu dem gegebenen Paar isomorph ist, was heißen soll, daß es einen äquivarianten Diffeomorphismus der Γ-Bündel gibt, der die Reduktionen respektiert. Damit können wir nun den Klassifikationssatz formulieren:

Sei G eine kompakte Liegruppe, $H \subset U \subset G$ abgeschlossene Untergruppen, $\tau': U \longrightarrow O(k)$ eine auf S^{k-1} transitive Darstellung mit $U_e = H$ und $\tau: U \to O(k+n-1)$ die durch $\tau' \oplus$ trivial gegebene Darstellung. Es bezeichne $S[U,\tau]$ die Menge der äquivarianten Diffeomorphieklassen von kompakten G-Mannigfaltigkeiten mit Scheibendiagramm $\downarrow [U,\tau]$. Es sei $\Gamma = N_H/H$, $\Omega = N_H \cap N_U/H$ und $\mathcal{P}(\Gamma,\Omega)$ die Menge der Isomorphieklassen von Paaren (P,σ) , wobei P ein rechts-Γ-Prinzipalbündel über einer n-dimensionalen kompakten Mannigfaltigkeit M mit nichtleerem Rand ist und $\sigma: \partial M \longrightarrow \partial P/\Omega$ eine Reduktion, und wobei (P,σ) und (P',σ') isomorph heißen, wenn es einen äquivarianten Diffeomorphismus von P auf P' gibt, der σ in σ' überführt. Ist X eine kompakte G-Mannigfaltigkeit mit dem Diagramm $\downarrow [U,\tau]$, dann ist durch $P = \{x \in X \odot Y \mid G_x = H\}$, $\bigcup \sigma(b) = \{x \in \Sigma N \mid G_x = H, G_{p(x)} = U\}$ ein Paar (P,σ) definiert, und durch diese Konstruktion ist eine Abbildung $S[U,\tau] \longrightarrow \mathcal{P}(\Gamma,\Omega)$ gegeben.

<u>Klassifikationssatz:</u> $S[U,\tau] \longrightarrow \mathcal{P}(\Gamma,\Omega)$ ist bijektiv.

Welche Modifikationen müssen wir vornehmen, um auch den Fall ⋏ zu erfassen? Zunächst wählen wir Repräsentanten der Scheibentypen mit $U_{ie_i} = H$, wo $e_i \in S^{k_i-1}$. Dann sind die $\Omega_i \subset \Gamma$ erklärt, und die Elemente von $\mathcal{P}(\Gamma,\Omega_1,..,\Omega_r)$ sind durch $(P,\sigma_1,..,\sigma_r)$ repräsentiert, wo P ein Γ-Prinzipalbündel über einer n-dimensionalen Mannigfaltigkeit M ist, $\sigma_i: B_i \longrightarrow (P \mid B_i)/\Omega_i$ Reduktionen sind und $\partial M = B_1 \cup \ldots \cup B_r$ schließlich eine Zerlegung in offene und abgeschlossene nichtleere Teilmengen.

Literatur über spezielle G-Mannigfaltigkeiten: [7], [22], [28], [23], Chapter IV, und besonders ausführlich: [20]. (Warnung: Die zum Glück überflüssige Bemerkung 3.2 in [28] ist falsch).

§ 6. Beispiele spezieller G-Mannigfaltigkeiten

6.1. Ganz einfache Beispiele. Zuerst eine Bemerkung: Ist Δ irgend ein r-füßiges "spezielles" Diagramm mit $\dim \Delta /G = n$ und M irgend eine kompakte n-dimensionale Mannigfaltigkeit mit mindestens r Randkomponenten, dann gibt es jedenfalls mindestens eine spezielle G-Mannigfaltigkeit X mit $\Delta(X) = \Delta$ und $X/G = M$, denn wir können ja P und die $\sigma_1,..,\sigma_r$ trivial wählen.

Wir wollen jetzt zur Veranschaulichung des Satzes in einigen ganz einfachen Beispielen M und Δ vorgeben und sehen, welche X dabei auftreten.

Beispiel 1: Sei G abelsch und $M = [0,1]$. Dann ist $\Gamma = \Omega_i$, also σ_i immer trivial, ebenso ist $P = \Gamma \times [0,1]$ trivial. Daher gibt es bis auf äquivariante Diffeomorphie zu jedem höchstens zweifüßigen Δ mit $\dim \Delta /G = 1$ genau eine spezielle G-Mannigfaltigkeit X mit $\Delta(X) = \Delta$ und $X/G = [0,1]$. Für $G = S^1$ ist z.B.:

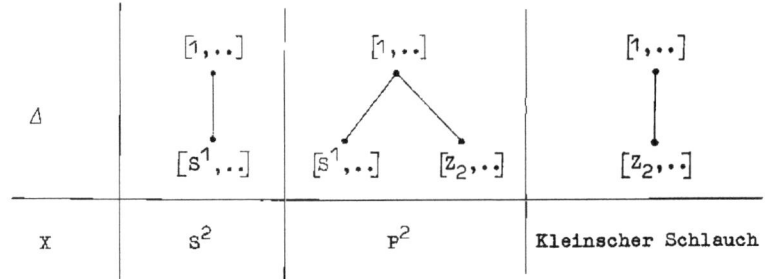

Jetzt sei $G = S^1 \times S^1$. $U(p,q)$ bezeichne $\{e^{2\pi i p t} \times e^{2\pi i q t} \mid t \in \mathbb{R}\}$, p,q seien ganze Zahlen. Für $(p,q) \neq (0,0)$ ist das eine zu S^1 isomorphe Untergruppe von $S^1 \times S^1$. Wir dürfen p und q als teilerfremd annehmen. Sind zwei solche Gruppen gegeben, können wir die eine durch einen Automorphismus zu $U(1,0) = S^1 \times \{1\}$ machen. Es sei

$\Delta(p,q) =$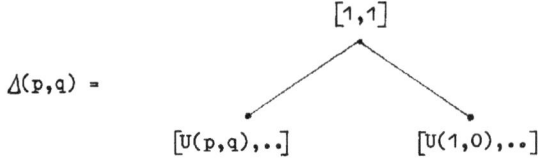

bzw. das entsprechende einfüßige Diagramm falls $U(p,q) = U(1,0)$ sein sollte. Wie oben bemerkt, gehört dazu eine bis auf äquivariante Diffeomorphie wohlbestimmte (übrigens 3-dimensionale) spezielle G-Mannigfaltigkeit $X(p,q)$. **Frage:** Was ist $X(p,q)$ als differenzierbare Mannigfaltigkeit? Man stellt leicht fest, daß bis auf Diffeomorphie $X(p,q) = X(-p,-q) = X(p + \lambda q, q)$ ist. Sei daher $0 \leq p < q$ oder $(p,q) = (1,0)$. Dann gilt:

Satz: $X(p,q)$ ist der dreidimensionale Linsenraum $L(q,p)$, wobei $L(0,1)$ als $S^1 \times S^2$ aufzufassen ist.

Da $\pi_1(L(q,p)) = Z_q$ ist, gibt es also unendlich viele als topologische Mannigfaltigkeiten verschiedene spezielle $S^1 \times S^1$-Mannigfaltigkeiten über $[0,1]$. Literaturhinweis: In [48] sind alle dreidimensionalen speziellen G-Mannigfaltigkeiten über $[0,1]$ mit zusammenhängendem G angegeben.

Beispiel 2: Jetzt betrachten wir ein <u>nicht-abelsches</u> Beispiel, um die Wirkung von σ zu demonstrieren. Sei $M = D^2$, $G = O(2)$, $U = O(1)$ und $H = \{1\}$. (Das Scheibendiagramm ist dadurch festgelegt.) Dann ist $\Gamma = O(2)$, $\Omega = O(1) \times O(1)$ und $\Gamma/\Omega = O(2)/O(1) \times O(1) = P^1 \cong S^1$. $P = \Gamma \times D^2$ ist trivial, σ also durch eine Abbildung $S^1 \longrightarrow \Gamma/\Omega \cong S^1$ gegeben. Die Klasse von (P,σ) hängt dann nur vom Betrage der Umlaufszahl von σ ab.

Satz: Ist d der Betrag der Umlaufszahl von σ , dann ist die zugehörige Mannigfaltigkeit X diffeomorph zu $L(d,1)$.

Bemerkung zum Beweis der beiden letzten Sätze: Bei der Konstruktion von X aus gegebenem (P,σ) hat man $G/H_\Gamma \times P$ und $DN = (G \times_U D^k)_\Omega \times \sigma^*$ durch einen äquivarianten Diffeomorphismus der Ränder zusammenzukleben. Im Falle der $S^1 \times S^1$-Aktion ist $G/H_\Gamma \times P = S^1 \times S^1 \times [0,1]$, und DN besteht - wenn wir die Aktion unberücksichtigt lassen - einfach aus der disjunkten Vereinigung zweier Volltori $S^1 \times D^2$. Im Falle der O(2)-Aktion ist es umgekehrt: $G/H_\Gamma \times P = O(2) \times D^2$ ist disjunkte Vereinigung zweier Volltori und DN ist $S^1 \times S^1 \times [0,1]$. In beiden Fällen läuft also die Konstruktion darauf hinaus, zwei Volltori zusammenzukleben (das triviale "Mittelstück" $S^1 \times S^1 \times [0,1]$ kann man sich ja an einen der Volltori angesetzt denken). Man muß nun genau ausrechnen, durch welche Diffeomorphismen der Ränder das Zusammenkleben geschieht, um zu sehen ob und welche Linsenräume man erhält.

6.2. Die O(n)-Mannigfaltigkeiten $W^{2n-1}(d)$. Das zuletzt genannte Beispiel von speziellen O(2)-Mannigfaltigkeiten läßt sich verallgemeinern: Setzt man $G = O(n)$, $U = O(n-1)$, $H = O(n-2)$, Scheibendiagramm

$$\begin{array}{l} \bullet \ [O(n-2), 2] \\ \Big| \\ \bullet \ [O(n-1), \rho_{n-1} \oplus 1] \end{array} \quad , \text{ dann}$$

ist wieder $\Gamma = N_H/H = O(2) \times O(n-2)/O(n-2) = O(2)$ und $\Omega = O(1) \times O(1)$. Setzen wir also $M = D^2$, so ist wie vorhin $[P, \sigma] \in \mathcal{P}(\Gamma, \Omega)$ durch eine ganze Zahl $d \geqslant 0$ beschrieben.

Definition: $W^{2n-1}(d)$ sei die O(n)-Mannigfaltigkeit mit dem oben angegebenen Scheibendiagramm und dem Orbitraum D^2, für die die Reduktion $\sigma: S^1 \longrightarrow \Gamma/\Omega = S^1$ eine Umlaufszahl vom Betrage d hat. $W^{2n-1}(d)$ ist nach dem Klassifikationssatz bis auf äquivariante Diffeomorphie durch diese Angaben festgelegt.

Die Dimension von $W^{2n-1}(d)$ ist dim $O(n)/O(n-2) + 2$ und das ist wirklich $2n - 1$. Wir wissen schon, daß $W^3(d)$ diffeomorph zu $L(d,1)$ ist.

Um mit diesen $W^{2n-1}(d)$ irgend etwas anfangen zu können, müssen wir uns noch mehr Information über sie verschaffen. Wir wollen daher jetzt versuchen, etwas über die <u>Homologie</u> der $W^{2n-1}(d)$ zu erfahren. Das Standard-Hilfsmittel, das man in einem solchen Fall dazu anwendet, ist die <u>Mayer-Vietoris-Sequenz</u>. [Zur Erinnerung: Ein Raum sei Vereinigung zweier Teilräume A und B, so daß $(B, B \cap A) \subset (A \cup B, A)$ einen Isomorphismus in der Homologie induziert. Das ist keine so ausgefallene Bedingung, oft ist sie einfach wegen des Ausschneidungsaxioms erfüllt, z.B. wenn $A \cup B$ ein simplizialer Komplex ist und $A, B, A \cap B$ abgeschlossene Unterkomplexe, oder z.B. wenn $A \cup B$ eine n-dimensionale Mannigfaltigkeit ist und A, B berandete n-dimensionale Untermannigfaltigkeiten mit $A \cap B$ als Rand. Bezeichnen wir die Inklusionen so: $j_A: A \cap B \longrightarrow A$, $i_A: A \longrightarrow A \cup B$ und j_B, i_B analog, dann haben wir die exakte Sequenz (Mayer-Vietoris):

$$\ldots \longrightarrow H_k(A \cap B) \xrightarrow{j_{A*} \oplus j_{B*}} H_k(A) \oplus H_k(B) \xrightarrow{i_{A*} \oplus i_{B*}} H_k(A \cup B) \longrightarrow H_{k-1}(A \cap B) \longrightarrow \ldots$$

$$H_k(A \cup B, A) \xleftarrow{\cong} H_k(B, A \cap B) \qquad .\;]$$

Für die Anwendung auf unser Beispiel beschreibe ich jetzt zuerst, wie wir für $W^{2n-1}(d)$ die Teilräume A und B wählen werden.

Dazu betrachten wir die Projektion $\pi: W^{2n-1}(d) \longrightarrow D^2$, teilen D^2 durch einen Durchmesser in zwei (abgeschlossene) Hälften D_+^2 und D_-^2 und setzen $A = \pi^{-1}(D_+^2)$ und $B = \pi^{-1}(D_-^2)$. Dann sind A und B berandete invariante Untermannigfaltigkeiten von W und sowohl A als auch B sind äquivariant diffeomorph zu $S^{n-1} \times D^n$ mit der Diagonalaktion von $O(n)$: $g(x,y) = (gx, gy)$. $A \cap B$ ist dann $S^{n-1} \times S^{n-1}$, der gemeinsame Rand von A und B.

Zum Beweis dafür betrachtet man $P \mid D_+^2$ und $\sigma \mid S_+^1$. Dann kann man zuerst einen Automorphismus von $P \mid D_+^2 = D_+^2 \times \Gamma$ ausführen, der $\sigma \mid S_+^1$ in die triviale (konstante) Reduktion überführt. Mit trivialem P und trivialer Reduktion läßt sich aber auch $S^{n-1} \times \mathbb{R}^n$ (Diagonalaktion) darstellen, und zwar über $S^{n-1} \times \mathbb{R}^n/O(n) = \mathbb{R}^n/O(n-1) =$
$= \mathbb{R}^{n-1}/O(n-1) \times \mathbb{R} = \mathbb{R}_+ \times \mathbb{R}$. Wir können dann eine Abbildung $D_+^2 \longrightarrow \mathbb{R}_+^2$ finden,

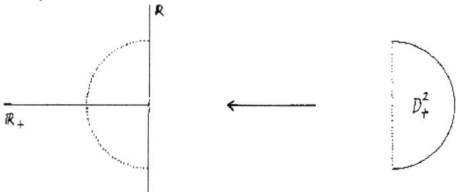

die gerade einen äquivarianten Diffeomorphismus von $\pi^{-1}(D_+^2)$ auf $S^{n-1} \times D^n$ induziert.

Wir erhalten also die Aussage: $W^{2n-1}(d) = S^{n-1} \times D^n \cup_{\phi^d} S^{n-1} \times D^n$, wobei $\phi^d: S^{n-1} \times S^{n-1} \longrightarrow S^{n-1} \times S^{n-1}$ ein äquivarianter Diffeomorphismus ist. Als eine erste Folgerung haben wir:

<u>Lemma:</u> Für $n \geq 3$ sind alle $W^{2n-1}(d)$ einfach zusammenhängend.

Beweis: Van-Kampen-Theorem. [Zur Erinnerung: Seien $A, B, A \cup B, A \cap B$ zusammenhängende endliche simpliziale Komplexe bzw. Unterkomplexe. Dann kann man $\pi_1(A \cup B)$ aus $\pi_1(A)$, $\pi_1(B)$, $\pi_1(A \cap B)$ und den induzierten Homomorphismen $\pi_1(A \cap B) \to \pi_1(A)$, $\pi_1(A \cap B) \to \pi_1(B)$ berechnen: Die Bilder werden im freien Produkt "amalgamiert".] In unserem Falle sind die Fundamentalgruppen von $A, B, A \cap B$ trivial, also auch $\pi_1(A \cup B)$. q.e.d.

Nun betrachten wir die Mayer-Vietorie-Sequenz. $H_*(S^{n-1} \times D^n)$ ist natürlich $H_*(S^{n-1})$, deshalb haben wir als Nachbarn von $H_k(W^{2n-1}(d))$:

$$\ldots \to H_k(S^{n-1}) \oplus H_k(S^{n-1}) \to H_k(W^{2n-1}(d)) \to H_{k-1}(S^{n-1} \times S^{n-1}) \to \ldots$$

Außer für $k = 0, n-1, n, 2n-1$ sind die Nachbarn also Null, daher haben wir $H_k(W^{2n-1}(d)) = 0$ für $k \neq 0, n-1, n, 2n-1$, und natürlich $H_k(W^{2n-1}(d)) = \mathbb{Z}$ für $k = 0, 2n-1$. (W ist orientierbar). Die Hauptschwierigkeit ist also, H_{n-1} und H_n zu bestimmen.

Für $n \geq 3$ sieht das kritische Stück der Mayer-Vietoris-Sequenz so aus:

$$0 \to H_n(W) \to H_{n-1}(S^{n-1} \times S^{n-1}) \xrightarrow{j_{A*} \oplus j_{B*}} H_{n-1}(S^{n-1}) \oplus H_{n-1}(S^{n-1}) \to H_{n-1}(W) \to 0$$

$$\downarrow \cong \qquad\qquad\qquad\qquad\qquad \downarrow \cong$$

$$\mathbb{Z} \oplus \mathbb{Z} \xrightarrow{f} \mathbb{Z} \oplus \mathbb{Z}$$

und es gilt daher: $H_n(W^{2n-1}(d)) = $ Kern f und $H_{n-1}(W^{2n-1}(d)) = $ Cokern f. Was kann man a priori über f sagen? f ist durch eine ganzzahlige 2×2-Matrix gegeben, deren Zeilen jeweils durch j_{A*} bzw. j_{B*} bestimmt werden. Wir haben

$$j_A: S^{n-1} \times S^{n-1} \subset S^{n-1} \times D^n$$
$$j_B: S^{n-1} \times S^{n-1} \xrightarrow{\phi^d} S^{n-1} \times S^{n-1} \subset S^{n-1} \times D^n$$

Ist daher $p_1: S^{n-1} \times S^{n-1} \to S^{n-1}$ die Projektion auf den ersten Faktor, dann ist j_{A*} einfach p_{1*} und $j_{B*} = p_{1*} \circ \phi^d_*$, und wir merken uns zu späterer Verwendung an:

Notiz: $f: \mathbb{Z} \oplus \mathbb{Z} \to \mathbb{Z} \oplus \mathbb{Z}$ ist durch eine 2×2-Matrix der Gestalt $\begin{pmatrix} 1 & 0 \\ a & b \end{pmatrix}$ gegeben, wobei $a = p_{1*} \phi^d_* (1,0)$ und $b = p_{1*} \phi^d_* (0,1)$ ist.

Man kann ϕ^d und ϕ^d_* explizit bestimmen, wir haben ja $W^{2n-1}(d)$ und die

Isomorphismen $\pi^{-1}(D_\pm^2) \cong S^{n-1} \times D^n$ ziemlich explizit konstruiert. So ähnlich wird das in Bredon [7] auch getan. (Für eine ganz andere Berechnungsweise siehe Hirzebruch-Mayer [20]). Jedoch ist die Bestimmung von Φ^d eine etwas tüftelige Sache. Für den uns aus bestimmten Gründen am meisten interessierenden Fall n ungerade gibt es aber eine viel elegantere Art, Φ_*^d zu berechnen, und diese will ich angeben.

<u>Satz</u>: Für $n \geq 3$ ungerade und d ungerade ist $W^{2n-1}(d)$ eine Homotopiesphäre, also nach Smale [58] homöomorph zu S^{2n-1}. Für $n \geq 3$ ungerade und d gerade ist
$$H_k(W^{2n-1}(d)) = \begin{cases} Z & \text{für } k = 0, n-1, n, 2n-1 \\ 0 & \text{sonst} \end{cases}$$

<u>Beweis</u>: Für Φ^d ist $S^{n-1} \times S^{n-1}$ zum Glück keine amorphe Masse, z.B. zerfällt $S^{n-1} \times S^{n-1}$ als O(n)-Mannigfaltigkeit in ein Hauptorbitbündel und ein singuläres Orbitbündel. Dieses singuläre Orbitbündel $X_{(O(n-1))} = \{(x,y) \in S^{n-1} \times S^{n-1} \mid (G_x \cap G_y) = (O(n-1))\}$ besteht genau aus der disjunkten Vereinigung zweier Orbits, nämlich der Diagonalen $\mathcal{D} = \{(x,x) \mid x \in S^{n-1}\}$ und der Gegendiagonalen $\mathcal{D}' = \{(x,-x) \mid x \in S^{n-1}\}$. Φ^d muß also einen äquivarianten Diffeomorphismus $\mathcal{D} \cup \mathcal{D}' \longrightarrow \mathcal{D} \cup \mathcal{D}'$ herstellen.

Nun ändert man den äquivarianten Diffeomorphietyp von $S^{n-1} \times D^n \cup_{\Phi^d} S^{n-1} \times D^n$ nicht, wenn man Φ^d durch $\Psi\Phi^d$ ersetzt, wobei Ψ die Einschränkung eines äquivarianten Diffeomorphismus $S^{n-1} \times D^n \longrightarrow S^{n-1} \times D^n$ ist. Durch $(x,y) \longmapsto (x,-y)$ ist ein solches Ψ gegeben, das $\mathcal{D}$ und $\mathcal{D}'$ vertauscht, also dürfen wir oBdA. annehmen, daß $\Phi^d: \mathcal{D} \to \mathcal{D}$ und $\mathcal{D}' \longrightarrow \mathcal{D}'$ abbildet. Außerdem gibt es für $\Phi^d: \mathcal{D} \longrightarrow \mathcal{D}$ nur zwei Möglichkeiten, weil die Identität und die antipodische Abbildung die einzigen Automorphismen der O(n)-Mannigfaltigkeit S^{n-1} sind. Da aber $(x,y) \longmapsto (-x,-y)$ als Ψ gewählt werden kann, dürfen wir auch annehmen, daß Φ^d auf $\mathcal{D}$ die Identität ist.

Wir haben daher nur die beiden Fälle zu betrachten:

1. Fall: $\Phi^d|\mathcal{D} = 1_\mathcal{D}$, $\Phi^d|\mathcal{D}' = 1_{\mathcal{D}'}$
2. Fall: $\Phi^d|\mathcal{D} = 1_\mathcal{D}$, $\Phi^d|\mathcal{D}' = -1_{\mathcal{D}'}$

Was bedeutet das für die Homologie? Die Diagonale repräsentiert in $Z \oplus Z$ das Element (1,1). Die Gegendiagonale repräsentiert -- ebenfalls (1,1) oder aber (1,-1) , je nachdem ob $x \longmapsto -x$ orientierungserhaltende oder -umkehrende Abbildung von S^{n-1} auf sich ist! In unserem Falle n ungerade repräsentiert $\mathcal{D}'$ das Element (1,-1) , und das ist sehr gut so, weil wir dadurch Φ_*^d allein aus $\Phi^d|\mathcal{D} \cup \mathcal{D}'$ berechnen können.

1. Fall $\implies \Phi_*^d = \text{Id} \implies f = \begin{bmatrix} 1 & 0 \\ a & b \end{bmatrix} = \begin{bmatrix} 1 & 0 \\ 1 & 0 \end{bmatrix} \implies$

$H_n(W^{2n-1}(d)) \cong \text{Kern } f \cong \mathbb{Z}$ und $H_{n-1}(W^{2n-1}(d)) \cong \text{Cokern } f \cong \mathbb{Z}$.

2. Fall $\implies \Phi_*^d (1,1) = (1,1)$, $\Phi_*^d (1,-1) = (-1,1) \implies$

$a = 0$, $b = 1 \implies f = \begin{bmatrix} 1 & 0 \\ 0 & 1 \end{bmatrix} \implies H_n = H_{n-1} = 0$.

Was daher noch zu zeigen bleibt, ist: 1. Fall $\iff$ d gerade. Dazu betrachten wir $Q = \{x \in W^{2n-1}(d) \mid G_x = O(n-1)\}$, das ist das zum singulären Orbitbündel von W assoziierte Prinzipalbündel, Gruppe $N_U/U = O(1)$, Basis $\partial D^2 = S^1$. Wir haben dann $Y = O(n)/O(n-1) \times_{O(1)} Q$. Q ist ganz durch σ bestimmt (vergl. 5.5), und man überlegt sich leicht, daß Q trivial $\iff$ hat gerade Umlaufzahl $\iff$ d gerade. Andererseits ist Q eine Teilmenge der singulären Menge von $S^{n-1} \times D^n \cup_{\Phi^d} S^{n-1} \times D^n$, und ist daher durch $\Phi^d \mid \mathcal{D} \cup \mathcal{D}'$ festgelegt. Und dabei ergibt sich: Q trivial $\iff$ Φ^d ist im "1. Fall". E.d.B.

Eine G-Aktion auf einer Homotopiesphäre Σ^m (kurz: Eine G-Sphäre Σ^m) soll <u>exotisch</u> heißen, wenn es <u>keine</u> Darstellung $G \longrightarrow O(m+1)$ gibt, so daß die dadurch erklärte G-Sphäre äquivariant diffeomorph zu Σ^m ist.

<u>Satz:</u> Die O(n)-Sphären $W^{2n-1}(d)$, $d > 0$, $n \geq 3$, n , d ungerade, haben alle verschiedenen äquivarianten Homöomorphietyp (sogenannte "topologisch verschiedene" Aktionen). Mit Ausnahme von $W^{2n-1}(1)$ sind sie alle exotisch.

<u>Beweis:</u> Fix $(O(n-2), W^{2n-1}(d)) = \{x \in W^{2n-1}(d) \mid gx = x$ für alle $g \in O(n-2)\} = W^3(d) = L(d,1) = $ Raum mit Fundamentalgruppe $\mathbb{Z}_d$. Fixpunktmengen von nicht-exotischen Sphären sind aber Sphären, weil Fixpunktmengen von Darstellungen lineare Teilräume sind. E.d.B.

$W^{2n-1}(1)$ ist "linear", es ist die Sphäre des O(n)-Moduls $\rho_n \oplus \rho_n$. Die anderen O(n)-Sphären $W^{2n-1}(d)$ sind gewissermaßen "Zerrbilder" von $W^{2n-1}(1)$: Die Orbitbündel sind genau die gleichen, aber sie sind in verschiedener Weise zusammengesetzt.

Die $W^{2n-1}(2k+1)$ sind zum ersten Mal von Bredon [7] konstruiert und untersucht worden (dort M_k^{2n-1} genannt). Ihr Zusammenhang mit Singularitäten gewisser algebraischer Hyperflächen ist in Hirzebruch-Mayer [20] ausführlich behandelt.

§ 7. Bericht über Knoten-Mannigfaltigkeiten

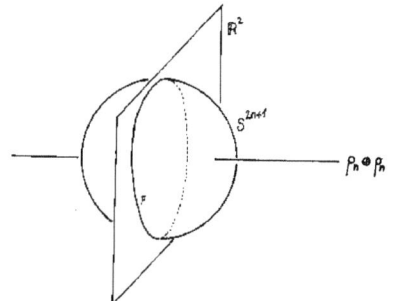

Wir betrachten die Sphäre S^{2n+1} in dem $O(n)$-Modul $\rho_n \oplus \rho_n \oplus 2$. Die Fixpunktmenge ist $S^1 \subset \{0\} \times \{0\} \times \mathbb{R}^2$, der Orbitraum $S^{2n+1}/O(n)$ kann mit D^4 identifiziert werden; $\mathring{D}^4$ besteht dann aus den Hauptorbits (Typ $(O(n-2))$, $S^3 - S^1$ aus den singulären Orbits vom Typ $(O(n-1))$ - als Mannigfaltigkeiten sind das also $(n-1)$-Sphären - und S^1 schließlich wird von den singulären Orbits vom Typ $(O(n))$, den Fixpunkten gebildet. Die Knoten-Mannigfaltigkeiten kann man in gewisser Weise als "Zerrbilder" dieser linearen $O(n)$-Sphäre betrachten: Die vorkommenden Orbittypen sind dieselben, der Orbitraum ist D^4, die Fixpunktmenge F eine Kreislinie: Aber $F \subset S^3$ ist nicht mehr die Standard-Einbettung, sondern F ist irgendwie in S^3 eingebettet, d.h. F ist ein beliebiger Knoten.

Um das nun genauer zu erklären, beginne ich mit einem allgemeineren Begriff:

Definition: Eine $O(n)$-Mannigfaltigkeit X heißt vom Typ $2 - n \iff$ Das Scheibendiagramm $\Delta(X)$ ist Teildiagramm von

$$\begin{array}{c} \bullet \\ | \\ | \\ \bullet \; [O(n), \rho_n \oplus \rho_n \oplus \text{trivial}] \end{array}$$

Satz: Ist X eine $O(n)$-Mannigfaltigkeit vom Typ $2 - n$, dann "ist" X/G eine differenzierbare berandete Mannigfaltigkeit, und die Fixpunktmenge ist eine 2-codimensionale Untermannigfaltigkeit des Randes. ("ist": nach einem gewissen Glättungsprozess entlang F , ähnlich dem in der Differentialtopologie häufig vorkommenden "Abrunden von Ecken").

Definition: Sei M eine berandete differenzierbare Mannigfaltigkeit und M_o eine geschlossene Untermannigfaltigkeit des Randes mit Codimension zwei im Rand. Eine O(n)-Mannigfaltigkeit X vom Typ 2 - n heißt eine (M,M_o)-Mannigfaltigkeit $\iff$
(i): (X/G,F) ist diffeomorph zu (M,M_o) , (ii): Das Hauptorbitbündel ist trivial, (iii): Das Normalbündel von F in X ist ein triviales G-Vektorraumbündel.

Die Bedingungen (ii), (iii) sind nur aus technischen Gründen eingeführt; man kann dann den Klassifikationssatz eleganter formulieren, und wir sind hier nur an Mannigfaltigkeiten mit (ii), (iii) interessiert.

Sei $T \subset \partial M$ eine abgeschlossene Tubenumgebung von M_o in ∂M . Dann ist $T \longrightarrow M_o$ ein Faserbündel mit Faser D^2 . Wir wählen nun in jeder Zusammenhangskomponente von M_o einen Punkt und betrachten den Rand der Faser von T an diesem Punkt. Hat M_o r Komponenten, so erhalten wir auf diese Weise r 1-Sphären $S^1_i, i = 1, \ldots, r$, die Untermannigfaltigkeiten von $\partial M - M_o$ sind. Mit $j: \partial M - M_o \longrightarrow M$ bezeichnen wir die Inklusion.

Bei der Klassifizierung der (M,M_o)-Mannigfaltigkeiten spielt nun eine gewisse Teilmenge der abelschen Gruppe $H^1(\partial M - M_o)/2j^*H^1(M)$ eine Rolle, nämlich

Definition: $\mathfrak{S}(M,M_o)$ sei die Menge der Elemente aus $H^1(\partial M - M_o)/2j^*H^1(M)$, die durch jene $a \in H^1(M-M_o)$ repräsentiert werden, für die $a \mid S^1_i$ erzeugendes Element von $H^1(S^1_i) \cong Z$ ist.

Der Buchstabe $\mathfrak{S}$ soll dabei an die σ aus dem § 5 erinnern. Man beachte: Durch $a \mapsto -a$ wird in $\mathfrak{S}(M,M_o)$ eine Involution induziert, die verträglich ist mit der Aktion von $\text{Diff}(M,M_o)$ auf $\mathfrak{S}(M,M_o)$, und so operiert $Z_2 \times \text{Diff}(M,M_o)$ auf $\mathfrak{S}(M,M_o)$. ($\text{Diff}(M,M_o)$ ist die Gruppe der Diffeomorphismen von (M,M_o) auf sich).

<u>Klassifikationssatz für (M,M_o)-Mannigfaltigkeiten:</u> $S_n(M,M_o)$ bezeichne die Menge der äquivarianten Diffeomorphieklassen von (M,M_o)-$O(n)$-Mannigfaltigkeiten. Dann gibt es eine (kanonische) bijektive Abbildung

$$\mathfrak{S}(M,M_o)/Z_2 \times \text{Diff}(M,M_o) \longrightarrow S_n(M,M_o) \ .$$

Daß $H^1(\partial M - M_o)$ eine Rolle bei der Klassifikation spielt, liegt eben daran, daß $X - F$ eine spezielle G-Mannigfaltigkeit über $M - M_o$ mit $\Gamma/\Omega \cong S^1$ ist, die Reduktionen sind also im wesentlichen Abbildungen $\sigma: \partial M - M_o \longrightarrow S^1$, und wegen $[\partial M - M_o, S^1] = H^1(\partial M - M_o)$ kommt dadurch $H^1(\partial M - M_o)$ ins Spiel.

In einfachen Fällen ist $\mathfrak{S}/Z_2 \times \text{Diff}$ ganz leicht auszurechnen, z.B. für $(M,M_o) = (D^2,\emptyset)$. Dieser Fall ist nicht gänzlich uninteressant, denn die $(D^2,\emptyset)$-Mannigfaltigkeiten sind gerade die $W^{2n-1}(d)$ aus § 6.

<u>Definition:</u> Ist $k \subset S^3$ ein Knoten, dann heißen die (D^4,k)-Mannigfaltigkeiten auch <u>Knotenmannigfaltigkeiten</u>.

<u>Corollar:</u> $S_n(D^4,k)$ besteht aus genau einem Element.

Das liegt einfach daran, daß $H^1(S^3 - k) = Z$, $\mathfrak{S} = Z_2$ und $\mathfrak{S}/Z_2 = \{pt\}$ ist. Das heißt also, daß es zu jedem Knoten k bis auf äquivariante Diffeomorphie genau eine Knoten-$O(n)$-Mannigfaltigkeit gibt. Isomorphe Knoten ergeben natürlich isomorphe Knotenmannigfaltigkeiten. Ist daher $\mathfrak{K}$ die Menge der Isomorphieklassen von Knoten in S^3 und Φ_{2n+1} die Menge der Isomorphieklassen $(2n+1)$-dimensionaler Knotenmannigfaltigkeiten, so haben wir für $n \geq 2$ eine Abbildung $\gamma_n: \mathfrak{K} \longrightarrow \Phi_{2n+1}$.

<u>Corollar:</u> $\gamma_n: \mathfrak{K} \longrightarrow \Phi_{2n+1}$ ist bijektiv.

Einige Bemerkungen über <u>orientierte</u> Knotenmannigfaltigkeiten: Sei X eine Knotenmannigfaltigkeit, F die Fixpunktmenge. Das Normalbündel von F in X ist ein triviales G-Vektorraumbündel mit Faser $\rho_n \oplus \rho_n$.

Ist <u>n gerade</u>, dann haben die Fasern des Normalbündels eine kanonische Orientierung, weil die äquivarianten Automorphismen von $\rho_n \oplus \rho_n$ alle orientierungserhaltend sind. Also bestimmt eine Orientierung von F eine Orientierung von X , und die Umkehrung der Orientierung von F bewirkt die Umkehrung der Orientierung von X . Da all dieses für n gerade so ist, definieren wir:

<u>Definition:</u> $\hat{R}^{ev}$ bezeichnet die Menge der Isomorphieklassen der orientierten Knoten in der unorientierten S^3 (kein Unterschied zwischen k und seinem Spiegelbild). Es bezeichne Φ^+_{2n+1} die Menge der orientierten Isomorphieklassen von Knoten-O(n)-Mannigfaltigkeiten.

<u>Satz:</u> Für n gerade ist $\hat{R}^{ev} \longrightarrow \Phi^+_{2n+1}$ bijektiv.

Sei nun n <u>ungerade</u>. Es bezeichne Q das zum Normalbündel assoziierte (triviale) $GL(2,\mathbb{R})$-Prinzipalbündel. Dann ist, da jetzt die Elemente aus $GL(2,\mathbb{R}) - GL^+(2,\mathbb{R})$ die Orientierung von $\rho_n \oplus \rho_n$ umkehren, eine Orientierung des Normalbündels durch eine Reduktion von Q auf $GL^+(2,\mathbb{R})$ gegeben. Nun ist zwar Q nicht genau dasselbe wie das Prinzipalbündel zum Normalbündel von k in S^3 , aber jedenfalls entspricht einer Reduktion von Q auf $GL^+(2,\mathbb{R})$ gerade eine Orientierung dieses Normalbündels N von k in S^3 und umgekehrt. Deshalb ist eine Orientierung von X durch eine Orientierung von k und von N gegeben, ändert sich, wenn wir genau eine dieser Orientierungen ändern, bleibt dieselbe, wenn wir beide ändern (aus Dimensionsgründen). Also ist eine Orientierung von X gerade durch eine Orientierung von S^3 gegeben!

<u>Definition:</u> $\hat{R}^{odd}$ = Menge der Isomorphieklassen von unorientierten Knoten in der orientierten S^3 (kein Unterschied zwischen einem Knoten und seinem Inversen).

<u>Satz:</u> Für n ungerade ist $\hat{R}^{odd} \longrightarrow \Phi^+_{2n+1}$ bijektiv.

Für gerades n sind alle Knoten-Mannigfaltigkeiten Homotopiesphären, für ungerades n > 1 ist eine Knoten-Mannigfaltigkeit genau dann Homotopiesphäre, wenn die "Determinante" ihres Knotens ± 1 ist. Die differenzierbare Struktur dieser Homotopiesphären läßt sich mittels gewisser Knoten-Invarianten angeben: Man hat dadurch eine Beziehung zwischen der "Exotizität" dieser O(n)-Sphären und der "Verknotetheit" ihres Knotens. (Siehe Hirzebruch [19] und Erle [15]). Für den Zusammenhang von Knotenmannigfaltigkeiten mit Singularitäten algebraischer Hyperflächen ([10], [11]) und mit Baummannigfaltigkeiten ("equivariant plumbing") siehe ebenfalls [19], sowie [20].

Die Klassifikation der (M, M_o)-Mannigfaltigkeiten kann aus [29] abgeleitet werden, vergl. auch [23], Chapter IV. Daß es zu jedem Knoten genau eine Knotenmannigfaltigkeit gibt, ist auch in [28], § 6 bewiesen.

Kapitel III: Linearität und Nichtlinearität

§ 8. Musterbeispiel eines Linearitätsbeweises: Der Satz von Montgomery, Samelson, Yang und Zippin über Aktionen auf $\mathbb{R}^n$ mit zweidimensionalem Orbitraum

8.1. Formulierung des Satzes. Eine differenzierbare G-Aktion auf $\mathbb{R}^n$ oder S^{n-1} heißt linear, wenn sie bis auf äquivariante Diffeomorphie durch eine n-dimensionale Darstellung von G gegeben ist. Unter einem Linearitätssatz wollen wir hier einen Satz verstehen, in dem aus einer geometrischen Eigenschaft einer Aktion auf deren Linearität geschlossen wird. Es gibt bisher nicht besonders viele Linearitätssätze, und sie sind verhältnismäßig schwierig zu beweisen. Daß Linearitätssätze im allgemeinen schwierig zu beweisen sind ist vielleicht auch plausibel, weil erstens die linearen Aktionen selbst ziemlich kompliziert sind (Orbitstruktur!) und zweitens gibt es, wie wir schon gesehen haben, nichtlineare ("exotische") Aktionen, die gewisse lineare Aktionen in vielen topologischen Einzelheiten genau imitieren.

Eines der ältesten Resultate über positiv-dimensionale Transformationsgruppen ist ein Linearitätssatz: 1936 bewiesen Montgomery und Zippin [43], daß jede S^1-Aktion in $\mathbb{R}^3$ linear ist. Genauer gesagt zeigten sie sogar, daß jede stetige S^1-Aktion in $\mathbb{R}^3$ bis auf äquivariante Homöomorphie linear ist. Die differenzierbare Version ist dann zwar kein unmittelbares Corollar dieses Satzes, aber der angegebene Beweis kann ebenso für den differenzierbaren Fall durchgeführt werden und vereinfacht sich dabei sogar noch.

Gegenstand dieses Paragraphen ist eine Verallgemeinerung der differenzierbaren Version dieses alten Linearitätssatzes:

Satz (Montgomery-Samelson-Yang [40] 1956): Jede differenzierbare Aktion einer kompakten zusammenhängenden Liegruppe G auf $\mathbb{R}^n$ mit (n-2)-dimensionalen Hauptorbits ist linear.

Ich beschreibe den Beweis in einiger Ausführlichkeit, weil ich ihn für besonders schön und instruktiv halte. Ich beschränke mich dabei von Anfang an auf den differenzierbaren Fall, im Gegensatz zu [40], wo ein Teil des Beweises in der topologischen Kategorie geführt wird. Ob der Satz auch für nur stetige Aktionen richtig bleibt, ist unbekannt. (Vergl. jedoch [54])

8.2. Lokale Betrachtungen: $\mathbb{R}^n/G$ ist eine zweidimensionale berandete Mannigfaltigkeit.

Wir beginnen den Beweis mit einer rein lokalen Überlegung: Nämlich darüber, welche Folgen die hohe Dimension der Hauptorbits für die Scheibendarstellungen und für das lokale Aussehen des Orbitraumes hat.

Es sei $G_x \longrightarrow GL(V_x)$ die Scheibendarstellung am Punkte x. Die Hauptorbits dieser G_x-Aktion auf V_x haben dann ebenfalls die Codimension zwei, und in der Sphäre SV_x (bezüglich einer invarianten Metrik) haben die Hauptorbits deshalb die Codimension 1. Ist einer der Orbits auf SV_x kein Hauptorbit, so ist die Scheibendarstellung (in SV_x !) an diesem Orbit "transitiv". Deshalb ist SV_x/G_x entweder S^1 oder ein abgeschlossenes Intervall $[0,1]$, und da $V_x/G_x = (G \times_{G_x} V_x)/G$ der Kegel über SV_x/G_x ist, sehen wir schon, daß $\mathbb{R}^n/G$ eine (eventuell berandete) zweidimensionale Mannigfaltigkeit ist. $Gx \in \mathbb{R}^n/G$ ist ein innerer Punkt $\iff SV_x/G_x = S^1$ und ist ein Randpunkt $\iff SV_x/G_x = [0,1]$.

Bei näherem Hinsehen bemerkt man, daß es "gute" und "schlechte" innere Punkte und "gute" und "schlechte" Randpunkte gibt. Als die guten inneren Punkte in $\mathbb{R}^n/G$ wird man natürlich die Hauptorbits bezeichnen, dort ist einfach $SV_x/G_x = SV_x = S^1$, und als die guten Randpunkte diejenigen Orbits, für die die Scheibendarstellung direkte Summe einer eindimensionalen trivialen und einer transitiven Darstellung ist, dann haben wir $V_x/G_x = \mathbb{R} \times \mathbb{R}_+ = \mathbb{R}_+^2$.

<u>Definition:</u> (i) $Gx \in \mathbb{R}^n/G$ heißt <u>störender Punkt</u> $\iff SV_x/G_x = S^1$ aber Gx ist kein Hauptorbit. (ii) $Gx \ \mathbb{R}^n/G$ heißt <u>Eckpunkt</u> $\iff SV_x/G_x = [0,1]$, aber $G_x \longrightarrow GL(V_x)$ ist nicht transitiv ⊕ trivial.

$\mathbb{R}^n/G$ "sieht so aus":

Es ist klar, daß die Menge der störenden Punkte und Eckpunkte eine diskrete Teilmenge von $\mathbb{R}^n/G$ ist, und es ist auch klar, daß bei einer <u>linearen</u> Aktion diese Menge aus höchstens einem Element bestehen darf. Im nächsten Abschnitt beschäftigen wir uns mit der "Beseitigung" der störenden Punkte.

8.3. <u>Es gibt keine orientierbaren Ausnahmeorbits.</u> Ist Gx ein störender Punkt, so gibt es in SV_x nur Hauptorbits der G_x-Aktion, also ist $SV_x \longrightarrow SV_x/G_x = S^1$ ein Faserbündel und daher muß SV_x selbst eindimensional sein, weil sich die höherdimensionalen Sphären nicht über S^1 fasern lassen. Also ist dim $V_x = 2$ und daher Gx ein Ausnahmeorbit. Darüber hinaus operiert G_x <u>orientierungserhaltend</u> auf V_x, weil ..... (warum?). Also ist $G \times_{G_x} V_x$, das Normalbündel von Gx, ein orientierbares Vektorraumbündel, und weil Gx in eine orientierbare Mannigfaltigkeit (nämlich $\mathbb{R}^n$) eingebettet ist, folgt daraus die Orientierbarkeit von Gx.

Wir wollen jetzt zeigen, daß es keine orientierbaren Ausnahmeorbits und damit auch keine störenden Punkte gibt. Dazu konstruieren wir im Normalbündel $G \times_{G_x} V_x$ eines solchen Orbits ein $(n-1)$-dimensionales kompaktes Polyeder A mit einer seltsamen homologischen Eigenschaft. Wir haben dann $A \subset$ (Tubenumgebung von Gx) $\subset \mathbb{R}^n$, und mit Hilfe des Alexanderschen Dualitätssatzes werden wir aus dieser homologischen Eigenschaft von A einen Widerspruch erhalten.

Zunächst einige <u>Bezeichnungen</u>: Wir betrachten $V_x \subset G \times_{G_x} V_x$ wie üblich als Faser im Punkte $1G_x$, durch $v \mapsto [1,v]$. Den Orbitraum $G \times_{G_x} V_x/G = V_x/G_x$ bezeichnen wir mit M_x , die Menge der Hauptorbits mit $M_x' \subset M_x$. M_x' ist also eine offene dichte zusammenhängende Teilmenge von M_x und in unserem Falle außerdem eine zweidimensionale Mannigfaltigkeit. $\pi: G \times_{G_x} V_x \longrightarrow M_x$ sei die Projektion. Eine invariante Metrik in V_x sei gewählt.

Wir wählen nun zwei Punkte $a,b \in V_x$ mit $\|a\| = \|b\|$, die auf zwei verschiedenen Hauptorbits liegen. Sei $0 < \varepsilon < \frac{1}{2}$. Die Verbindungsstrecken von a und b zum Nullpunkt parametrisieren wir affin so, daß wir eine Abbildung $\varphi: [0,\varepsilon] \cup [1-\varepsilon,1] \longrightarrow V_x$ erhalten mit $\varphi(0) = \varphi(1) = 0$, $\varphi(\varepsilon) = a$, $\varphi(1-\varepsilon) = b$. Nun ergänzen wir $\pi \cdot \varphi: [0,\varepsilon] \cup [1-\varepsilon,1] \longrightarrow M_x$ zu einer Abbildung $f: [0,1] \longrightarrow M_x$, deren Einschränkung auf das offene Intervall eine **Einbettung** von $\varphi(0,1)$ in M_x' ist.

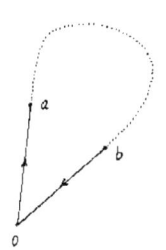

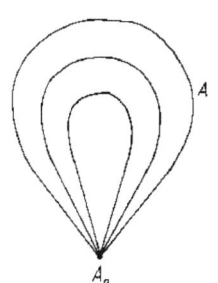

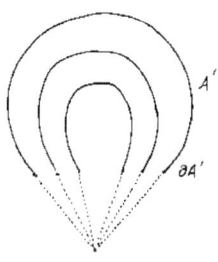

Wir erklären jetzt $A = \pi^{-1}(f([0,1]))$, $A_0 = \pi^{-1}(f(0)) = G/G_x$ und $A' = \pi^{-1}(f([\varepsilon,1-\varepsilon]))$. Ist dann F eine abelsche Gruppe, so haben wir die exakte Sequenz

$$H^{n-2}(A_0;F) \longrightarrow H^{n-1}(A,A_0;F) \longrightarrow H^{n-1}(A;F) \longrightarrow H^{n-1}(A_0;F) = 0$$

Daher ist $H^{n-1}(A;F)$ genau dann Null, wenn $H^{n-2}(A_0;F) \longrightarrow H^{n-1}(A,A_0;F)$ **surjektiv** ist. Um darüber etwas zu erfahren, betrachten wir

$$\begin{array}{ccc} H^{n-2}(A_0;F) & \longrightarrow & H^{n-1}(A,A_0;F) \\ \downarrow & & \downarrow \scriptstyle{\approx} \\ H^{n-2}(\partial A';F) & \longrightarrow & H^{n-1}(A',\partial A';F) \end{array}$$

A' ist eine (n-1)-dimensionale orientierbare zusammenhängende berandete Mannigfaltigkeit, nämlich einfach $[0,1] \times G/G_a$. Der Rand ist also die disjunkte Vereinigung zweier Hauptorbits, und der Ausnahmeorbit $G/G_x = A_o$ ist nach Voraussetzung ebenfalls zusammenhängend und orientierbar. Das Diagramm sieht daher so aus:
$$\begin{array}{ccc} F & \longrightarrow & F \\ \downarrow & & \downarrow \cong \\ F \oplus F & \longrightarrow & F \end{array}$$
. Den unteren Homomorphismus kennt man natürlich, und der linke Homomorphismus ist in jedem Summanden von der Projektion Hauptorbit $\longrightarrow$ Ausnahmeorbit, also $G/G_a \longrightarrow G/G_x$ induziert. Dies ist aber eine k-blätterige Überlagerung für ein $k > 1$, und deshalb ist $H^{n-2}(G/G_x) \longrightarrow H^{n-2}(G/G_a)$ gerade die Multiplikation mit k. Daraus ergibt sich dann aber:

$H^{n-2}(A_o;F) \longrightarrow H^{n-1}(A,A_o;F)$ ist surjektiv $\Longleftrightarrow F \xrightarrow{k} F$ ist surjektiv

und so erhalten wir:

<u>Satz</u>: $H^{n-1}(A;\mathbb{Z}) \neq 0$ und $H^{n-1}(A;\mathbb{Z}_{k+1}) = 0$.

Daraus folgt aber nach dem <u>Alexanderschen Dualitätssatz</u> [Zur Erinnerung: A kompaktes Polyeder in $\mathbb{R}^n \Longrightarrow \tilde{H}_q(\mathbb{R}^n - A;F) = H^{n-q-1}(A;F)$, wobei $\tilde{H}_q$ die reduzierte Homologie bezeichnet, Seite 296, Nr. 16 in Spanier [60]] , daß $\tilde{H}_o(\mathbb{R}^n - A;\mathbb{Z}) \neq 0$ und $\tilde{H}_o(\mathbb{R}^n - A;\mathbb{Z}_{k+1}) = 0$ ist, das ist ein Widerspruch, weil $\tilde{H}_o(\mathbb{R}^n - A;F) = 0$ gleichbedeutend damit ist, daß $\mathbb{R}^n - A$ zusammenhängend ist. E.d.B.

<u>8.4. $\mathbb{R}^n/G$ ist eine Halbebene mit Ecken.</u> Es ist ganz leicht zu sehen, daß $\mathbb{R}^n/G$ einfach zusammenhängend ist: Es genügt ja, die im Innern der Mannigfaltigkeit $\mathbb{R}^n/G$ gelegenen Schleifen als nullhomotop in $\mathbb{R}^n/G$ nachzuweisen. Eine solche Schleife läßt sich aber nach $\mathbb{R}^n$ hochheben, weil der über dem Inneren von $\mathbb{R}^n/G$ gelegene Teil von $\mathbb{R}^n$ das Hauptorbitbündel ist und weil jedes Bündel über S^1 mit zusammenhängender Faser einen Schnitt zuläßt. Die Zusammenziehung der hochgehobenen Schleife in $\mathbb{R}^n$ induziert dann die Zusammenziehung der gegebenen Schleife in $\mathbb{R}^n/G$.

Eine nichtkompakte einfach zusammenhängende zweidimensionale Mannigfaltigkeit ist genau dann eine Halbebene, wenn sie genau eine Randkomponente hat (das kann aus dem

Kurvensatz von Jordan-Schönflies geschlossen werden), und das wollen wir jetzt für $\mathbb{R}^n/G$ nachweisen.

Nachdem wir wissen, daß es keine "störenden" Punkte gibt, sehen wir sofort, daß der Rand von $\mathbb{R}^n/G$ nicht leer sein kann. (Abgesehen von dem trivialen Fall $G = \{1\}$, $n = 2$). Angenommen, es gäbe wenigstens zwei Randkomponenten. Dann bezeichnen wir mit A das Urbild in $\mathbb{R}^n$ von einer Randkomponente und mit B das Urbild der Vereinigung aller anderen Randkomponenten von $\mathbb{R}^n/G$. Ein orientierter Hauptorbit repräsentiert dann ein nichttriviales Element in $H_{n-2}(\mathbb{R}^n - (A \cup B);Z)$, repräsentiert aber die Null in $H_{n-2}(\mathbb{R}^n - A;Z)$ und $H_{n-2}(\mathbb{R}^n - B;Z)$, denn die Inklusion des Hauptorbits ist natürlich homotop in $\mathbb{R}^n - A$ (bzw. $\mathbb{R}^n - B$) zu einer Abbildung in einen "Randorbit", und $H_{n-2}(...;Z)$ ist für alle Randorbits trivial: Für singuläre Orbits aus Dimensionsgründen, für Ausnahmeorbits wegen ihrer Nichtorientierbarkeit. (8.3.). Der gesuchte Widerspruch zur Annahme der Existenz zweier Randkomponenten ergibt sich nun aus der Mayer-Vietoris-Sequenz

$$0 \longrightarrow H_{n-2}(\mathbb{R}^n - (A \cup B)) \longrightarrow H_{n-2}(\mathbb{R} - A) \oplus H_{n-2}(\mathbb{R}^n - B) \longrightarrow 0$$

Damit ist nun $\mathbb{R}^n/G$ eine abgeschlossene Halbebene, die Hauptorbits bilden das Innere, und abgesehen von einer diskreten Ausnahmemenge (den "Ecken") haben die Scheibendarstellungen der "Randorbits" die Form $1 \oplus$ transitiv.

8.5. Es gibt überhaupt keine Ausnahmeorbits. Wenn es Ausnahmeorbits gibt, dann liegen sie natürlich auf dem Rand ∂M von $M = \mathbb{R}^n/G$, und dann gibt es auch Ausnahmeorbits, die keine Ecken sind, denn jeder Ausnahmeorbit besitzt eine Umgebung, in der es keine singulären Orbits gibt. Angenommen also, $p \in \partial M$ sei ein Ausnahmeorbit, der keine Ecke ist. Wir orientieren ∂M ein für allemal und wählen $a < p < b$ so daß es keine Ecke in $[a,b]$ gibt. Mit Y bezeichnen wir das Komplement des Hauptorbitbündels in $\mathbb{R}^n$, also $Y = \pi^{-1}(\partial M)$. Das π-Urbild des offenen Intervalls wollen wir statt mit $\pi^{-1}((a,b))$ einfach mit $\pi^{-1}(a,b)$ bezeichnen.

Da $\pi^{-1}[a,b]$ nichts anderes als $[a,b] \times G/H$ ist, erhalten wir
$H^{n-1}(Y, Y - \pi^{-1}(a,b); Z_2) \cong H^{n-1}([a,b] \times G/H, \{a,b\} \times G/H; Z_2) \cong Z_2$.

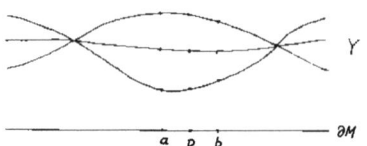

Wir wollen jetzt beobachten, was mit $H^{n-1}(\ldots;Z_2)$ geschieht, wenn wir das Intervall $[a,b]$ vergrößern, so daß es eventuell auch Ecken einschließt, und wir werden so zu einer Aussage über die Cohomologie von Y kommen. (<u>Bemerkung</u>: Es ist übrigens erforderlich, eine solche oder ähnliche "globale" Betrachtung zu machen. Für orientierbare Ausnahmeorbits erwies es sich schon als unmöglich, $G \times_{G_x} V_x$ überhaupt in $\mathbb{R}^n$ einzubetten. Für nichtorientierbare Ausnahmeorbits ist das durchaus möglich, nur läßt sich dann, wie das Endresultat ja zeigt, die so auf einer offenen Teilmenge des $\mathbb{R}^n$ erklärte G-Aktion niemals zu einer Aktion auf ganz $\mathbb{R}^n$ fortsetzen).

<u>Lemma</u>: Seien $a,b,c,d \in \partial M$ keine Ecken und $a \leq b < c \leq d$. Dann ist
$H^{n-1}(Y, Y - \pi^{-1}(b,c); Z_2) \longrightarrow H^{n-1}(Y, Y - \pi^{-1}(a,d); Z_2)$ injektiv.

<u>Beweis</u>: ObdA. sei $c = d$. Wir führen den Beweis durch Induktion nach der Anzahl der Ecken, die zwischen a und b liegen. Wir nehmen also an, zwischen a und b liege genau eine Ecke e.

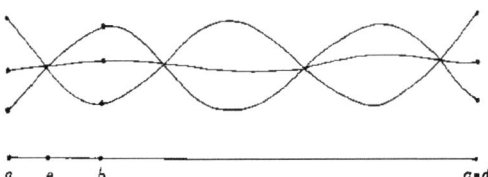

Wir bezeichnen $\pi^{-1}(a) = A$ usw., außerdem $\pi^{-1}[a,b] = E'$, weil es E als Deformationsretrakt hat, und $\pi^{-1}[a,c] = X'$, $\pi^{-1}[b,c] = X$.

Für die Injektivität ist wegen der exakten Cohomologiesequenz ein gewisser Homomorphismus φ verantwortlich, wir haben (mittels Ausschneidung):

$$
\begin{array}{ccc}
& H^{n-1}(Y,Y - \pi^{-1}(b,c)) \longrightarrow & H^{n-1}(Y,Y - \pi^{-1}(a,c)) \\
& \downarrow \cong & \downarrow \cong \\
H^{n-2}(E',A) \xrightarrow{\varphi} & H^{n-1}(X',E' \cup C) \longrightarrow & H^{n-1}(X',A \cup C)
\end{array}
$$

Wir haben also zu zeigen, daß φ Null ist. Beachten Sie bitte: Das C, das wir mit herumschleppen müssen, ist disjunkt zu E', und wir haben daher ein Rechtsinverses $H^{n-2}(E') \longrightarrow H^{n-2}(E' \cup C)$ zu der Einschränkung $H^{n-2}(E' \cup C) \longrightarrow H^{n-2}(C)$ usw. Wie ist φ definiert?

$$
\begin{array}{ccc}
H^{n-2}(E',A) & \xrightarrow{\varphi} & H^{n-1}(X',E' \cup C) \\
\downarrow \psi & & \uparrow \delta \\
H^{n-2}(E') & \longrightarrow & H^{n-2}(E' \cup C) \\
\downarrow \chi & & \\
H^{n-2}(A) & &
\end{array}
$$

φ ist also jedenfalls Null, wenn e eine <u>singuläre</u> Ecke ist, denn dann ist $H^{n-2}(E') = H^{n-2}(E) = 0$ wegen dim $E \leqslant n - 3$. Sei also dim $E = n - 2$. Dann ist $H^{n-2}(E') = H^{n-2}(A) = Z_2$. Was aber ist χ? Nun, der Orbit A überlagert den Orbit E mit einer gewissen Blätterzahl k_a, und χ ist nichts anderes als die Multiplikation mit k_a. Für ungerades k_a ist also χ ein Isomorphismus, daher $\psi = 0$ und $\varphi = 0$. Sei also k_a gerade. Dann ist ψ in der Tat von Null verschieden, und wir müssen $H^{n-2}(E') \longrightarrow H^{n-1}(X',E' \cup C')$ betrachten. Durch die Ausschneidung $(X,B \cup C) \subset (X',E' \cup C)$ haben wir:

$$
\begin{array}{ccc}
H^{n-1}(X',E' \cup C) & \xrightarrow{\cong} & H^{n-1}(X,B \cup C) \\
\uparrow \delta & & \uparrow \delta \\
H^{n-2}(E' \cup C) & \longrightarrow & H^{n-2}(B \cup C) \\
\uparrow & & \uparrow \\
H^{n-2}(E') & \longrightarrow & H^{n-2}(B) \\
\cong & & \cong \\
Z_2 & & Z_2
\end{array}
$$

Der untere Homomorphismus ist durch Multiplikation mit k_b gegeben. Aber: $k_a + k_b$ ist <u>gerade</u>, denn das ist die Anzahl der Punkte auf Ausnahmeorbits in SV_e , und liegt $v \in SV_e$ auf einem Ausnahmeorbit, so auch $-v$! Also ist mit k_a auch k_b gerade und φ tatsächlich in jedem Falle Null.   q.e.d.

Den Widerspruch erhalten wir wieder mit dem Alexanderschen Dualitätssatz, und zwar diesmal mit dessen Version Nr. 17, p. 296 in Spanier [60] : Wir einpunktkompaktifizieren $\mathbb{R}^n$ zu S^n und setzen $\bar{Y} = Y \cup \infty$. Dann folgt aus dem Lemma, daß $\bar{H}^{n-1}(\bar{Y},\infty;Z_2) \neq 0$ ist, und deshalb muß $H_1(S^n - \infty, S^n - \bar{Y};Z_2) = \tilde{H}_0(\mathbb{R}^n - Y;Z_2)$ von Null verschieden sein, im Widerspruch zum Zusammenhang des Hauptorbitbündels. Es gibt also keine Ausnahmeorbits in $\mathbb{R}^n$.

<u>8.6. Es gibt höchstens eine Ecke.</u> Angenommen, es gäbe zwei. Dann wählen wir zwei benachbarte Ecken a und b und setzen $\pi^{-1}[a,b] = X$, $\pi^{-1}(a) = A$, $\pi^{-1}(b) = B$:

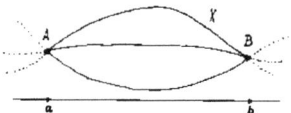

Die Dimension der Orbits zwischen a und b sei k .

<u>Lemma:</u> $H^{k+1}(X;Z_2) \neq 0$. <u>Beweis:</u> Jedenfalls ist $H^{k+1}(X, A \cup B;Z_2) \cong Z_2$, und wenn dann dim $A \cup B < k$ ist, so ist $H^{k+1}(X) = H^{k+1}(X, A \cup B)$ und wir sind fertig. Sei daher dim $A = k$ (wir wissen: dim $A \leq k$). Wie sieht dann X in der Nähe von A aus? Wir wählen ein $\alpha \in A$. Nach dem Scheibensatz haben wir dann $G \times_{G_\alpha} V_\alpha$ als eine Umgebung von A in $\mathbb{R}^n$. Wie wir uns bereits in 8.2 überlegt hatten, gibt es in SV_α genau zwei singuläre Orbits. Wir bezeichnen jetzt mit A_0 dasjenige dieser Orbits, das zu X gehört. Bezeichnet ferner CA_0 den Kegel in V_α über A_0 , d.h. $CA_0 = \{rv \mid r \geq 0, v \in A_0\}$ dann ist X in $G \times_{G_\alpha} V_\alpha$ durch $G \times_{G_\alpha} (CA_0)$ gegeben:

A_0 besteht aus mindestens zwei Punkten, sonst wäre a keine Ecke. Es sei H die 1-Komponente von G_α und es sei $v \in A_0$. G_α und G_v haben dieselbe Dimension, weil dim A = k ist, und wegen $G_v \subset G_\alpha$ ist H auch 1-Komponente von G_v. Somit ist H in der Standgruppe eines jeden Elements von A_0 enthalten, und deshalb ist $A_0 \subset \{v \in SV \mid Hv = v\}$. Der Vektorraum $\{v \in V_\alpha \mid Hv = v\}$ ist aber <u>eindimensional</u>, denn sonst gäbe es in $\mathbb{R}^n$ ein singuläres Orbitbündel mit mindestens zweidimensionaler Basis, das ist aber unmöglich, da der Quotient der singulären Menge, nämlich ∂M, eindimensional ist. <u>Folgerung:</u> A_0 ist ein diametrales Punktpaar und CA_0 ein eindimensionaler Teilraum von V_α. Also ist X in einer Umgebung von A eine Mannigfaltigkeit!

Ist nun dim B < k, so ist $\bar{H}^{k+1}(X;Z_2) \cong H^{k+1}(X,B;Z_2) \cong Z_2$, und ist auch dim B = k, so ist X selbst eine geschlossene Mannigfaltigkeit, das Lemma ist damit bewiesen.

Nun kompaktifizieren wir wieder $\mathbb{R}^n$ zu S^n und setzen $\bar{Y} = Y \cup \infty$. Es sei X' die Hülle des Komplements von X in $\bar{Y}$, also $X' = \pi^{-1}((-\infty,a] \cup [b,\infty))$.

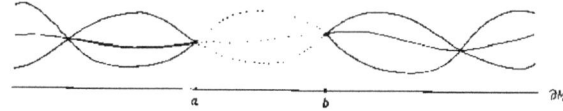

Dann haben wir die Mayer-Vietoris-Sequenz
$$\bar{H}^{k+1}(\bar{Y};Z_2) \longrightarrow \bar{H}^{k+1}(X;Z_2) \oplus \bar{H}^{k+1}(X';Z_2) \longrightarrow \bar{H}^{k+1}(A \cup B;Z_2) = 0,$$
also ist jedenfalls $\bar{H}^{k+1}(\bar{Y}) \longrightarrow \bar{H}^{k+1}(X)$ <u>surjektiv.</u>

Nun sei D ein großer Ball in $\mathbb{R}^n$, der ganz X enthält.

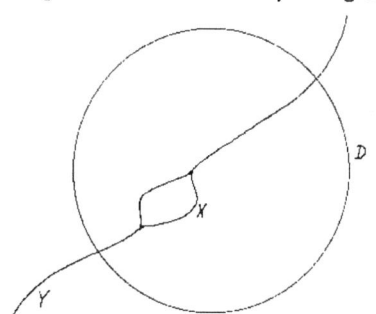

Wir betrachten das folgende kommutative Diagramm (Alexander-Dualität):

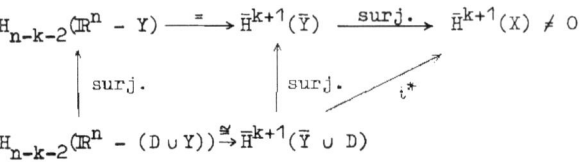

Das Hauptorbitbündel $\mathbb{R}^n - Y$ hat eine zusammenziehbare Basis. Ist daher U irgend eine Teilmenge, die wenigstens noch eine Faser enthält, dann induziert die Inklusion $U \subset \mathbb{R}^n - Y$ einen surjektiven Homomorphismus in der Homologie, denn die Retraktion auf die Faser in U ergibt ein Rechtsinverses. Wendet man diese Bemerkung auf $U = \mathbb{R}^n - (D \cup Y)$ an, so folgt, daß in dem Diagramm <u>alle</u> Homomorphismen surjektiv sein müssen. Andererseits ist aber $i^* = 0$, weil $X \subset D$ nullhomotop ist. Zusammen mit $\bar{H}^{k+1}(X) \neq 0$ ergibt das einen Widerspruch - und zwar zu der Annahme, es gäbe zwei Ecken. q.e.d.

8.7. Die Aktion ist linear.

Wir wählen ein $p \in \partial M$, und zwar sei p die Ecke, falls eine Ecke vorhanden ist. Für den Orbit p wählen wir eine Tubenabbildung $G \times_H V \subset \mathbb{R}^n$. V sei mit einer invarianten Metrik versehen und wir schreiben wie üblich $SV = \{v \in V \mid \|v\| = 1\}$ und $DV = \{v \in V \mid \|v\| \leq 1\}$.

Nun zerlegen wir $\mathbb{R}^n$ in zwei invariante berandete differenzierbare Untermannigfaltigkeiten mit gemeinsamem Rand: Sei $A = G \times_H DV \subset \mathbb{R}^n$ und $B = \overline{\mathbb{R}^n - A}$. Dann ist $\partial A = \partial B = G \times_H SV$. Was ist B ? B ist eine berandete nichtkompakte <u>spezielle</u> G-Mannigfaltigkeit mit dem Orbitraum $[0,1] \times \mathbb{R}_+$, die Hauptorbits bilden die Menge $(0,1) \times \mathbb{R}_+$ und der Quotient von ∂B ist $[0,1] \times \{0\}$. Daraus folgt aber mit Hilfe der in § 5 eingeführten Technik zur Behandlung von speziellen G-Mannigfaltigkeiten, daß B äquivariant diffeomorph zu $\partial B \times \mathbb{R}_+$ ist: Man zerlegt B in ein "Mittelstück" und zwei "Seitenteile". Das Mittelstück ist durch ein differenzierbares Prinzipalbündel P über $[0,1] \times \mathbb{R}_+$ gegeben, die Seitenteile <u>und</u> deren Anheftung an

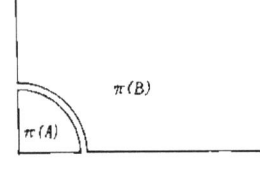

das Mittelstück durch differenzierbare Reduktionen σ_o und σ_1 des auf $\{0\} \times \mathbb{R}_+$ bzw. $\{1\} \times \mathbb{R}_+$ eingeschränkten Bündels, und in dieser Situation ist natürlich (P,σ_o,σ_1) bis auf Isomorphie durch seine Einschränkung auf $[0,1] \times \{0\}$ bestimmt.

B ist also isomorph zu $\partial B \times \mathbb{R}_+$, woraus insbesondere folgt, daß $A \cup_f B$ nicht von der Wahl des äquivarianten Diffeomorphismus f: $\partial A \xrightarrow{\cong} \partial B$ abhängt, da sich jeder Automorphismus von ∂B auf B fortsetzen läßt. Außerdem ist $\partial B \times \mathbb{R}_+$ = = $(G \times_H SV) \times \mathbb{R}_+ = G \times_H \{v \in V \mid \|v\| \geq 1\}$, und deshalb ist unsere G-Mannigfaltigkeit $\mathbb{R}^n$ äquivariant diffeomorph zu $A \cup_f B = (G \times_H DV) \cup_{Id} (G \times_H \{v \mid \|v\| \geq 1\}) = G \times_H V$. Da $G \times_H V$ homotopieäquivalent zu G/H ist, folgt daraus, daß H = G und somit $\mathbb{R}^n$ äquivariant diffeomorph zu dem G-Modul V ist.   q.e.d.

Bemerkung: Daß eine differenzierbare Aktion einer kompakten zusammenhängenden Liegruppe auf $\mathbb{R}^n$ mit **eindimensionalem** Orbitraum linear ist, ist zwar kein unmittelbares Corollar dieses Satzes, ist aber angesichts dieses Beweises fast trivial.

Eine Folgerung ist, daß jede differenzierbare Aktion einer kompakten zusammenhängenden Liegruppe auf $\mathbb{R}^1$, $\mathbb{R}^2$ oder $\mathbb{R}^3$ linear ist. Ob das für $\mathbb{R}^4$ auch richtig bleibt, scheint nicht bekannt zu sein, allerdings gibt es eine nichtlineare **stetige** S^1-Aktion auf $\mathbb{R}^4$ (Fixpunktmenge vom "Bing-Typ", siehe [45]).

Literaturhinweis: Die Ideen zu dem hier wiedergegebenen Beweis habe ich aus dem (äußerlich etwas abweichenden) Beweis in [40] entnommen. Abschnitt 8.5 entspricht allerdings im wesentlichen dem Beweis des Hauptsatzes von [39], p. 139 (vergl. auch [37], § 5). Es war mir nicht gelungen, die nichtorientierbaren Ausnahmeorbits auf einfachere Weise (etwa ähnlich 8.3) auszuschließen.

§ 9. Weitere Linearitätssätze und Beispiele nichtlinearer Aktionen

9.1. Der Satz von Connell, Montgomery und Yang über die Linearität gewisser Aktionen auf $\mathbb{R}^n$ mit zwei Orbittypen.

Satz (Connell, Montgomery, Yang [13] 1964): Eine kompakte, nicht notwendig zusammenhängende Liegruppe operiere differenzierbar auf $\mathbb{R}^n$ mit genau zwei Orbittypen, nämlich Fixpunkten und Hauptorbits. Die Fixpunktmenge F sei diffeomorph zu $\mathbb{R}^k$ für ein $k \leq n - 3$, die Codimension der Hauptorbits sei ≥ 5. Behauptung: Die Aktion ist linear.

Der Beweis besteht aus zwei Teilen, die ich kurz erwähnen möchte:

Teil 1: Entknoten von F : Ein Paar $(\mathbb{R}^n, F)$, wo F eine abgeschlossene Untermannigfaltigkeit von $\mathbb{R}^n$ ist, die diffeomorph zu $\mathbb{R}^k$ ist, nennt Stallings einen differenzierbaren "Faden" (string) vom Typ (n,k). Er beweist in [62], daß jeder **kombinatorische** Faden vom Typ (n,k), $k \leq n - 3$, trivial ist. Es ist jedoch nicht ohne weiteres ersichtlich, warum deshalb auch jeder differenzierbare Faden mit $k \leq n - 3$ trivial sein sollte, z.B. kann jeder kombinatorische Knoten $S^k \subset S^{k+3}$ entknotet werden (Zeeman [65]), aber nach Haefliger [16] gibt es unendlich viele verschiedene differenzierbare Knoten S^3 in S^6. Der erste Teil des Beweises besteht nun darin zu zeigen, daß jeder differenzierbare Faden mit Codimension ≥ 3 trivial ist. Daß F Fixpunktmenge einer Aktion ist, wird dabei gar nicht benutzt.

Teil 2: Engulfing. Es gibt natürlich eine Tubenabbildung für F ; $F \times V \longrightarrow \mathbb{R}^n$, wobei V der (n-k)-dimensionale G-Modul ist, der den nichttrivialen Teil der Scheibendarstellung an einem Punkte $x \in F$ bildet. SV/G ist dann eine geschlossene Mannigfaltigkeit M . Wir betrachten nun, wie in 8.7, die berandete G-Mannigfaltigkeit $\mathbb{R}^n - F \times \{v \in V \mid \|v\| < 1\} = Y$. Nach Voraussetzung ist Y ein differenzierbares Faserbündel mit Faser G/H , Gruppe $\Gamma = N_H/H$ über einer berandeten Mannigfaltigkeit B mit $\partial B = F \times M$. Was man jetzt zu zeigen hat, ist genau, daß B diffeomorph zu

B $\mathbb{R}_+$ ist.

Die Schwierigkeit ist nun die, daß sich die Kenntnisse über Y und die Faserung Y $\longrightarrow$ B nur dazu verwenden lassen, <u>Homotopieaussagen</u> über B zu bekommen. Und das ist, vage gesprochen, auch alles, was man erwarten kann. Denn falls eine Mannigfaltigkeit B' mit $\partial B'$ = F $\times$ M existiert, die nicht diffeomorph zu $\partial B' \times \mathbb{R}_+$ und dennoch "die richtigen" Homotopieeigenschaften hat, dann wird auch (F $\times$ DV) $\cup_f$ Y' "die richtigen" Homotopieeigenschaften haben, nämlich zusammenziehbar und einfach zusammenhängend im Unendlichen und daher diffeomorph zu $\mathbb{R}^n$ zu sein ([61], Theorem 5.1 p. 487). Dann existiert eben eine nichtlineare Aktion.

Eine differentialtopologische (oder kombinatorische) Technik, die das Ziel hat, Homotopie-Aussagen in geometrische Aussagen umzuwandeln, ist das sogenannte "Engulfing". Ich will darauf nicht näher eingehen sondern verweise auf Hirsch-Zeeman [17] und die dort genannte Literatur. Grob gesagt jedoch handelt es sich um folgendes: Man betrachtet auf einer Mannigfaltigkeit M^n eine offene Teilmenge A und eine weitere Teilmenge X .
<u>Frage:</u> Gibt es einen (zur Identität isotopen) Diffeomorphismus f: M $\longrightarrow$ M mit f(A) $\supset$ X ? Anders ausgedrückt: Kann die "Amöbe" A die Menge X verschlucken, wenn wir ihr erlauben, herumzuwandern? Die Antwort lautet etwa: Es geht, wenn (M,A) genügend hoch zusammenhängend ist und X mindestens die Codimension 3 hat. Will man "dickere" X engulfen, so muß (M,M - X) eine gewisse Homotopiebedingung erfüllen, die die Codimension 3 simuliert.

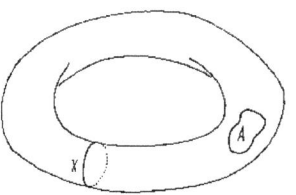

In diesem Falle kann X nicht von A "engulfed" werden.

Für den obigen Linearitätssatz braucht man ein Engulfing-Theorem, das aussagt, daß eine Amöbe, die ein am Rand von B festgewachsener Kragen ist, jede kompakte Menge verschlucken kann:

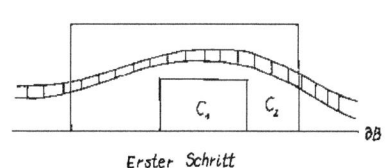

Erster Schritt

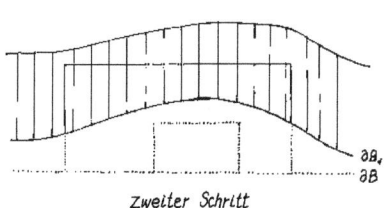

Zweiter Schritt

Man kann dann sukzessive einen Diffeomorphismus $\partial B \times \mathbb{R}_+ \longrightarrow B$ konstruieren. Ein solches Engulfing-Theorem für die PL-Kategorie findet sich (beinahe) bei Stallings [62], die Autoren leiten daraus den entsprechenden C -Satz mit Hilfe eines Lemmas von <u>Munkres</u> ab.

9.2 Linearitätssätze für Aktionen auf Sphären.

Linearitätsbeweise für Euklidische Räume lassen sich nicht ohne weiteres auf solche für Sphären übertragen. Zum Beispiel könnte man als "Analogon" des Satzes von Montgomery, Samelson, Yang und Zippin die Aussage betrachten, daß jede differenzierbare Aktion einer kompakten zusammenhängenden Liegruppe auf S^{n-1} mit 1-codimensionalen Hauptorbits linear sei. Diese Aussage ist jedoch falsch, Wu-chung Hsiang und Wu-yi Hsiang [24] haben auf allen Sphären S^{4k+1}, $k \geqslant 1$, Gegenbeispiele gefunden. (Am einfachsten sind diese Gegenbeispiele übrigens mit Hilfe der Brieskorn-Hirzebruch-Gleichungen anzugeben, siehe [24]). Selbst für Null-codimensionale Hauptorbits ist diese Aussage nicht trivial! Aber da ist sie jedenfalls richtig (vergl. Abschnitt 1 in [21]):

<u>Satz</u>: Jede transitive Aktion einer kompakten zusammenhängenden Liegruppe auf einer Sphäre ist linear.

Der Satz von Connell-Montgomery-Yang hat eine Anwendung auf Sphären:

<u>Corollar zu 9.1</u>: G operiere differenzierbar auf S^n, die Fixpunktmenge sei diffeomorph zu S^k mit $0 \leqslant k \leqslant n - 3$, alle anderen Orbits seien vom gleichen Typ und haben eine Codimension $\geqslant 5$. Dann ist die Aktion <u>topologisch</u> äquivalent zu einer linearen Aktion.

Für S^1-Aktionen hat man den folgenden Linearitätssatz von Montgomery und Yang [42] (1967):

<u>Satz</u>: S^1 operiere auf einer Homotopiesphäre Σ^n, $n \geqslant 6$, die Fixpunktmenge F sei (n-2)-dimensional und einfach zusammenhängend. Dann ist Σ^n diffeomorph zu S^n und die Aktion differenzierbar äquivalent zu einer linearen Aktion.

Für Aktionen zusammenhängender Gruppen auf S^n für $n \leq 4$ siehe Richardson [56].

9.3. Konstruktion nichtlinearer Aktionen mittels nichttrivialer zusammenziehbarer berandeter Mannigfaltigkeiten. Eine Möglichkeit, nichtlineare Aktionen auf Sphären zu konstruieren, beruht auf der Tatsache, daß es kompakte zusammenziehbare berandete Mannigfaltigkeiten gibt, deren Ränder keine Sphären sind. Man kann nämlich den Rand einer jeden kompakten zusammenziehbaren Mannigfaltigkeit als <u>Fixpunktmenge</u> einer Aktion auf einer Sphäre realisieren, und das geht so vor sich:

Es sei M eine kompakte zusammenziehbare Mannigfaltigkeit der Dimension m, es sei $n \geq 1$ und $m + m \geq 6$. Behauptung: $M \times D^n$ ist (nach glätten der Kante entlang $\partial M \times S^{n-1}$) diffeomorph zu D^{n+m}. Beweis: Ein Corollar zu Smale's h-Cobordismus-Satz besagt (vergl. Prop. A auf p. 108 in [36]), daß für $k \geq 6$ jede k-dimensionale zusammenziehbare kompakte Mannigfaltigkeit mit einfach zusammenhängendem Rand diffeomorph zu D^k ist. Daß $\partial(M \times D^n)$ einfach zusammenhängend ist, sieht man leicht mit dem Van-Kampen-Theorem (vorgeschlagene Zerlegung von $\partial(M \times D^n)$: In eine "untere" und eine "obere" Hälfte, entsprechend der Zerlegung $M \times D^n = M \times D^n_+ \cup M \times D^n_-$). Also ist insbesondere $\partial(M \times D^n)$ diffeomorph zu S^{n+m-1}.

Lassen wir nun $O(n)$ auf D^n wie gewöhnlich und auf M trivial operieren, so erhalten wir eine $O(n)$-Aktion auf $M \times D^n$; und wenn wir das Glätten der Kante äquivariant ausführen, erhalten wir eine differenzierbare Aktion von $O(n)$ auf $\partial(M \times D^n) = S^{n+m-1}$. Die Fixpunktmenge dieser $O(n)$-Aktion ist gerade $\partial M \cong \partial M \times \{0\} \subset \partial(M \times D^n)$.

Ist schließlich G irgend eine kompakte Liegruppe und $G \longrightarrow O(n)$ eine irreduzible Darstellung, so bekommen wir eine differenzierbare <u>G-Aktion</u> auf S^{m+n-1}, deren Fixpunktmenge ebenfalls ∂M ist, und wenn ∂M keine Sphäre ist, so ist dies eine <u>nichtlineare</u> Aktion.

Auf diese Weise sind die beiden folgenden Sätze zustande gekommen:

<u>Satz (Montgomery-Samelson [38] 1961)</u>: Für jede nichttriviale kompakte Liegruppe G gibt es ein k , für das G unendlich viele differenzierbare Aktionen auf S^k besitzt, so daß die Fixpunktmengen je zweier dieser Aktionen verschiedene Fundamentalgruppen haben.

Satz (Montgomery-Yang) [42] 1967): Jede nichttriviale kompakte Liegruppe G besitzt unendlich viele **effektive** differenzierbare Aktionen auf $S^{n(G)+3}$ von denen sich je zwei durch die Fundamentalgruppe ihrer Fixpunktmenge unterscheiden. Dabei bedeutet n(G) die kleinste Zahl n , für die G eine treue n-dimensionale Darstellung besitzt.

9.4. Konstruktion nichtlinearer Aktionen mittels der speziellen O(n)-Mannigfaltigkeiten $W^{2n-1}(d)$.

In Abschnitt 6.2. hatten wir festgestellt, daß $W^{2n-1}(d)$ für ungerades n und d eine Homotopiesphäre ist und daß in jedem Falle $Fix(O(n-2), W^{2n-1}(d)) = W^3(d) = L(d,1)$ gilt. Wir setzen jetzt n = 2k + 1 und d = 2i + 1 . Sollte die Homotopiesphäre $W^{4k+1}(2i+1)$ exotisch, also nicht diffeomorph zu S^{4k+1} sein, so ist aber jedenfalls $W^{4k+1}(2i+1) \neq -W^{4k+1}(2i+1)$ die Standardsphäre. O(n)-äquivariant können wir die zusammenhängende Summe allerdings nicht bilden, denn auf $W^{2n-1}(d)$ gibt es keine O(n)-Fixpunkte. Da es uns aber ohnehin nur auf die Aktion von O(n - 2) = O(2k - 1) ankommen wird, können wir definieren:

Definition: Für jedes $k \geqslant 1$ und $i \geqslant 1$ konstruieren wir eine O(2k-1)-Mannigfaltigkeit S^{4k+1}_{2i+1} , indem wir die zusammenhängende Summe $W^{4k+1}(2i+1) \neq -W^{4k+1}(2i+1)$ in Bezug auf die O(2k-1)-Aktion an Fixpunkten und äquivariant ausführen.

S^{4k+1}_{2i-1} ist also diffeomorph zu S^{4k+1} . Die Fixpunktmenge ist $L(2i + 1,1) \neq \pm L(2i + 1,1)$, ihre ganzzahlige Homologie hat also jedenfalls (2i+1)-Torsion und deshalb ist die O(2k-1)-Aktion auf S^{4k+1}_{2i+1} sogar **homologisch nichtlinear**. Außerdem kommen dabei nur die Orbittypen (O(2k - 1)) , (O(2k - 2)) und (O(2k - 3)) vor; ist daher $G \longrightarrow O(2k -1)$ eine irreduzible Darstellung irgend einer kompakten Liegruppe G , so hat die dadurch vermittelte G-Aktion auf S^{4k+1}_{2i+1} dieselbe Fixpunktmenge wie die O(2k-1)-Aktion. Ähnlich kann man, wie in Bredon in [9] beschreibt, für **jedes** $n \geqslant 4k + 1$ und jede irreduzible Darstellung $G \longrightarrow O(2k - 1)$ homologisch nichtlineare G-Aktionen auf S^n angeben. Statt hierauf näher einzugehen, möchte ich aber lieber eine andere ebenfalls in [9] angegebene Anwendung der $W^{2n-1}(d)$ nennen:

Wenn nämlich 2i + 1 = p eine Primzahl ist, dann hat S^{4k+1}_p eine Fixpunktmenge deren Homologie p-Torsion, aber keine andere Torsion hat. Sind p_1, p_2 zwei ungerade Prim zahlen, dann hat $S^{4k+1}_{p_1} \# S^{4k+1}_{p_2}$ (zusammenhängende Summe äquivariant an Fixpunkten ausgeführt) eine Fixpunktmenge, deren Homologie p_1-Torsion und p_2-Torsion, aber keine andere p-Torsion für eine Primzahl $p \neq p_1, p_2$ hat, und die entsprechende Aussage bleibt auch dann noch richtig, wenn wir eine ganze unendliche Folge von S_{p_i} aneinanderhängen:

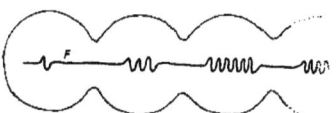

Ist also $2 < p_1 < p_2 < \ldots$ eine Folge von Primzahlen, so gibt es eine differenzierbare G-Aktion auf $\mathbb{R}^{4k+1} = S^{4k+1} \# S^{4k+1} \# \ldots$, deren Fixpunktmenge p-Torsion in ihrer Homologie für eine Primzahl p genau dann hat, wenn p eines der p_i ist. Da es aber überabzählbar viele solcher Folgen von Primzahlen gibt, erhalten wir:

<u>Satz (Bredon [9])</u>: Besitzt G eine irreduzible (und für k = 1 nichttriviale) Darstellung in einer ungeraden Dimension 2k - 1 , so gibt es auf $\mathbb{R}^{4k+1}$ und damit auch auf jedem $\mathbb{R}^n$ mit n ⩾ 4k + 1 <u>überabzählbar viele</u> differenzierbare G-Aktionen mit paarweise homologisch verschiedenen Fixpunktmengen.

Kapitel IV: Dimensionen kompakter Transformationsgruppen

§ 10. Lücken in den Dimensionen der Tranformationsgruppen (nach L.N. Mann)

10.1. Der Lückensatz und die Formel für m(G). Gegenstand dieses Kapitels sind die Beziehungen, die bei effektiven zusammenhängenden G-Mannigfaltigkeiten zwischen dim G und dim X bestehen. In Abschnitt 2.3 hatten wir gezeigt, daß dim G $\leq \frac{1}{2}$(dim X)(dim X + 1). In diesem Paragraphen soll gezeigt werden, daß dim G auch gewisse Werte unterhalb dieser Schranke nicht annehmen kann:

<u>Lücken-Satz (L.N. Mann [32] 1966)</u>: Die kompakte Liegruppe G operiere effektiv auf der zusammenhängenden m-dimensionalen Mannigfaltigkeit X, es sei m $\geq$ 17 . Gilt dann dim G < $\frac{1}{2}$(m - k + 1)(m - k + 2) für eine ganze Zahl k > 0 , so folgt dim G $\leq$ $\frac{1}{2}$(m - k)(m - k + 1) + $\frac{1}{2}$k(k + 1) .

<u>Bemerkung 1:</u> Die Voraussetzung m $\geq$ 17 macht den Beweis etwas kürzer. Aber abgesehen von drei Ausnahmefällen in den Dimensionen m = 4,6 und 10 ist der Satz auch für m < 17 richtig (vergl. [32]).

<u>Bemerkung 2:</u> Offenbar wird die Aussage des Satzes leer, wenn k so groß ist, daß $\frac{1}{2}$(m - k + 1)(m - k + 2) - 1 $\leq$ $\frac{1}{2}$(m - k)(m - k + 1) + $\frac{1}{2}$k(k + 1) gilt. Das tritt genau dann ein, wenn k $\geq \frac{1}{2}(\sqrt{9 + 8m} - 3)$ ist.

Als ein Corollar des Satzes erhalten wir, daß insbesondere der <u>Symmetriegrad</u> N(X) einer m-dimensionalen zusammenhängenden Mannigfaltigkeit N(X) = max $\{$ dim G $\mid$ G operiert effektiv auf X $\}$ sich nur innerhalb bestimmter Intervalle aufhalten kann. Ist z.B. N(X) $\neq \frac{1}{2}$m(m + 1) , so ist N(X) $\leq \frac{1}{2}$m(m - 1) + 1 .

Der Beweis des Lückensatzes geschieht mittels eines Hilfssatzes, der auch von selbständigem Interesse und für Anwendungen wahrscheinlich wichtiger als der Lückensatz ist. Um diesen Satz formulieren zu können, führen wir einen zum "Symmetriegrad" gewissermaßen dualen Begriff ein:

<u>Definition:</u> Für eine kompakte zusammenhängende Liegruppe G sei $m(G) = \min \{ \dim X \mid X$ fast-effektive zusammenhängende G-Mannigfaltigkeit $\}$, wobei eine G-Aktion "fast-effektiv" heißen soll, wenn $\{ g \in G \mid gx = x$ alle $x \in X \}$ nulldimensional ist.

Nach dem Satz vom Hauptorbittyp dürfen wir auch schreiben: $m(G) = \min \{ \dim G/H \mid G$ fast-effektiv auf $G/H \}$. Während es übrigens bei der Definition des Symmetriegrades einer Mannigfaltigkeit und auch bei der Formulierung des Lückensatzes gleichgültig ist, ob wir "fast-effektive" oder nur "effektive" Aktionen zulassen, ist diese Unterscheidung bei der Definition von $m(G)$ durchaus von Belang. Es wäre natürlich auch interessant, die Zuordnung $G \longrightarrow \min \{ \dim G/H \mid G$ effektiv auf $G/H \}$ zu untersuchen, im Moment aber ist unsere Definition vom $m(G)$ zweckmäßiger.

Der angekündigte Hilfssatz nun gibt an, wie man $m(G)$ "berechnen" kann. Um das erklären zu können, muß ich an einige Tatsachen aus der Theorie der Liegruppen erinnern. Bekanntlich kann man jede zusammenhängende kompakte Liegruppe G in der Form $T^q \times G_1 \times \ldots \times G_r/N$ schreiben, wobei $T^q = S^1 \times \ldots \times S^1$ der q-dimensionale Torus ist, $G_1, \ldots, G_r$ einfach zusammenhängende <u>einfache</u> kompakte Liegruppen sind und N ein endlicher Normalteiler ist. Die Faktoren sind bis auf die Reihenfolge eindeutig bestimmt. Wir haben dann $m(G) = m(T^q \times \ldots \times G_r/N) = m(T^q \times G_1 \times \ldots \times G_r)$, und es ist natürlich
$$m(T^q \times G_1 \times \ldots \times G_r) \leq m(T^q) + m(G_1) + \ldots + m(G_r) ,$$
denn wenn G_i fast-effektiv auf G_i/H_i ist, dann auch $G_1 \times \ldots \times G_r$ auf $G_1/H_1 \times \ldots \times G_r/H_r$. Nun, man sieht leicht, daß $m(T^q) = q$ ist, und für einfache Gruppen G ist $\dim G - m(G)$ die maximale Dimension echter Untergruppen von G , und diese Zahl wollen wir als aus der Theorie der Liegruppen bekannt annehmen: Ich übernehme aus [32] die folgende Liste, in der alle einfach zusammenhängenden einfachen kompakten Liegruppen aufgeführt sind:

Typ	G	dim G	m(G)
A_r, $r \geq 1$	$SU(r+1)$	$r(r+2)$	$2r$
B_r, $r \geq 2$	$Spin(2r+1)$	$r(2r+1)$	$2r$
C_r, $r \geq 3$	$Sp(r)$	$r(2r+1)$	$4r-4$
D_r, $r \geq 4$	$Spin(2r)$	$r(2r-1)$	$2r-1$
G_2	G_2	14	6
F_4	F_4	52	16
E_6	E_6	78	26
E_7	E_7	133	54
E_8	E_8	248	112

Es handelt sich also nun darum festzustellen, um wieviel $m(T^q \times G_1 \times \ldots \times G_r)$ kleiner ist als $q + \sum m(G_i)$. Wie das folgende Beispiel zeigt, kann nämlich $m(T^q \times G_1 \times \ldots \times G_r)$ tatsächlich echt kleiner sein als $q + \sum m(G_i)$: Bekanntlich ist ja $SO(4)$ lokal isomorph zu $SO(3) \times SO(3)$, was auf dem "einfach zusammenhängenden Niveau" bedeutet, daß $SU(2) \times SU(2) \cong Spin(4)$. Nun ist aber $m(SU(2)) = 2$ und $m(Spin(4)) = 3$, also $m(SU(2) \times SU(2)) = 3 < m(SU(2)) + m(SU(2)) = 4$.

Es stellt sich aber heraus, daß das im wesentlichen das einzige solche Beispiel ist!

Formel zur Berechnung von $m(G)$ (L.N. Mann [32]): Faßt man in $G_1 \times \ldots \times G_r$ jeweils Paare von Faktoren $SU(2)$ zu $Spin(4)$ zusammen, das heißt: Schreibt man G als $T^q \times G'_1 \times \ldots \times G'_s/N$, wobei N endlich und G'_i entweder $Spin(4)$ oder einfach und einfach zusammenhängend, und zwar so, daß höchstens eines der G'_i zu $SU(2)$ isomorph ist, dann gilt $m(G) = q + m(G'_1) + \ldots + m(G'_s)$.

Corollar: Operiert G fast-effektiv auf einer zusammenhängenden Mannigfaltigkeit X mit Hauptorbits der Dimension t, dann gibt es $t_1, \ldots, t_s$ mit $\dim G'_i \leq \frac{1}{2} t_i(t_i+1)$ und $\sum t_i \leq t - q$. Beweis: Wir setzen $t_i = m(G'_i)$, dann folgt $\dim G'_i \leq \frac{1}{2} t_i(t_i+1)$ aus (2.3) und $\sum t_i \leq t - q$ folgt aus der "Formel" wegen $t \geq m(G)$.

Dieses Corollar ist das Theorem 1 in [32], der dort angegebene Beweis liefert

0.2. Beweis der Formel für $m(G)$. Zunächst wollen wir uns davon überzeugen, daß man BdA. $q = 0$ annehmen darf. Es gilt nämlich $m(T^q \times G_1 \times \ldots \times G_r) = m(T^q) + m(G_1 \times \ldots \times G_r)$. Dazu brauchen wir nur $m(T^q \times G_1 \times \ldots \times G_r) \geq m(T^q) + m(G_1 \times \ldots \times G_r)$ zu zeigen. Sei also $m(T^q \times G_1 \times \ldots \times G_r) = m_0$ die Dimension eines homogenen Raumes $X = T^q \times G_1 \times \ldots \times G_r/H$, auf dem die Aktion von $T^q \times G_1 \times \ldots \times G_r$ fast-effektiv ist. Dann operiert auch T^q fast-effektiv auf X und die Standgruppe dieser Aktion ist überall $T^q \cap H$. Die T^q-Aktion hat also nur einen Orbittyp, und deshalb ist X/T^q eine (m_0-q)-dimensionale Mannigfaltigkeit und $X \longrightarrow X/T^q$ ein differenzierbares Faserbündel. Ich behaupte nun, daß $G_1 \times \ldots \times G_r$ <u>fast-effektiv</u> auf X/T^q operiert. Wäre das nämlich nicht der Fall, dann müßte eines der G_i trivial auf X/T^q operieren. Dieses G_i müßte dann aber fast-effektiv auf den Fasern des Bündels $X \longrightarrow X/T^q$ operieren, und zwar in einer mit der Aktion von T^q verträglichen Weise. Das ist aber nicht möglich, denn es gibt keinen nichttrivialen Homomorphismus einer einfachen zusammenhängenden Liegruppe in einen Torus. Also operiert $G_1 \times \ldots \times G_r$ fast-effektiv auf X/T^q , daher ist $m(G_1 \times \ldots \times G_r) \geq m_0 - q$, was wir wissen wollten.

Nun sei also die Operation von $G_1 \times \ldots \times G_r$ auf dem homogenen Raum $X = G_1 \times \ldots \times G_r/H$ fast-effektiv und $\dim X = m(G_1 \times \ldots \times G_r)$. Wir teilen die Faktoren in zwei Klassen ein: $G_1 \times \ldots \times G_r = F \times W$, und zwar so, daß W noch transitiv auf X und $\dim W$ minimal ist. In Bezug auf die F-Aktion auf X operiert also W als eine Gruppe äquivarianter Diffeomorphismen, und da W transitiv ist, folgt daraus, daß alle Standgruppen der F-Aktion gleich einer festen Untergruppe $F_0 \subset F$ sein müssen! Dieses F_0 ist aber dann nichts anderes als der endliche Normalteiler $\{ f \in F \mid fx = x$ alle $x \}$, und wir erhalten, daß F/F_0 <u>frei</u> auf X operiert, so daß $X_1 = X/F$ eine differenzierbare Mannigfaltigkeit mit $\dim X_1 + \dim F = \dim X$ ist.

Wir wenden uns nun der Aktion von W auf der Mannigfaltigkeit X_1 zu. Diese W-Aktion ist vielleicht nicht fast-effektiv, aber sie ist jedenfalls transitiv, und daher gibt es, falls X_1 aus mehr als einem Punkt besteht, einen Faktor G_{i_1} in W , der <u>nichttrivial</u> auf X_1 operiert. Da G_{i_1} einfach ist, folgt daraus auch, daß G_{i_1} fast-effektiv operiert, da es in G_{i_1} keine nichttrivialen positiv-dimensionalen Normalteiler gibt. Außerdem hat G_{i_1} in X_1 nur einen Orbittyp, weil W transitiv ist und daher nur einen Orbittyp haben kann. Schreiben wir $W = G_{i_1} \times W_1$ und $X_2 = X_1/G_{i_1}$, so sehen wir:

(i) W_1 operiert transitiv auf der Mannigfaltigkeit X_2

(ii) $\dim X_1 - \dim X_2 \geq m(G_{i_1})$.

Wenn nun X_2 kein Punkt ist, dann können wir von W_1 einen Faktor G_{i_2} abspalten, der auf X_2 nichttrivial operiert, wir setzen dann $W_1 = G_{i_2} \times W_2$ und $X_3 = X_2/G_{i_2}$ usw. Da nun jedesmal beim Übergang von X_i zu X_{i+1} die Dimension wirklich <u>sinkt</u>, gibt es ein kleinstes k mit $X_{k+1} = \{pt\}$, und wir haben dann $W = G_{i_1} \times \ldots \times G_{i_k} \times W_k$ mit

(i) $G_{i_1} \times \ldots \times G_{i_k}$ ist transitiv auf X_1

(ii) $\dim X_1 \geq m(G_{i_1}) + \ldots + m(G_{i_k})$

Dann ist aber auch $F \times G_{i_1} \times \ldots \times G_{i_k}$ transitiv auf X , und da wir $\dim W$ minimal gewählt hatten, folgt daraus $\dim W \leq \dim(F \times G_{i_1} \times \ldots \times G_{i_k})$, also $\dim W_k \leq \dim F$.

Wir haben zu zeigen, daß $m(G_1 \times \ldots \times G_r) \geq m(G_1) + \ldots + m(G_r) - a$ ist, wenn die Anzahl der zu $SU(2)$ isomorphen Faktoren $2a$ oder $2a+1$ ist. Unsere bisherigen Überlegungen haben ergeben, daß man $G_1 \times \ldots \times G_r$ als $F \times G_{i_1} \times \ldots \times G_{i_k} \times W_k$ schreiben kann, so daß $\dim W_k \leq \dim F$ und $m(G_1 \times \ldots \times G_r) \geq \dim F + m(G_{i_1}) + \ldots + m(G_{i_k})$ ist. Ist daher $F \times W_k = G_{j_1} \times \ldots \times G_{j_{r-k}}$, so haben wir zu zeigen, daß

(*) $\qquad m(G_{j_1}) + \ldots + m(G_{j_{r-k}}) \leq \dim F + a$

gilt. Wegen $\dim W_k \leq \dim F$ ist $\tfrac{1}{2}\dim(W_k \times F) \leq \dim F$, und deshalb genügte es auch, wenn wir

(**) $\qquad m(G_{j_1}) + \ldots + m(G_{j_{r-k}}) \leq \tfrac{1}{2}\dim(G_{j_1} \times \ldots \times G_{j_{r-k}}) + a$

zeigen können. Aus der Liste auf Seite 68 entnimmt man aber, daß $m(SU(2)) = \tfrac{1}{2}\dim SU(2) + \tfrac{1}{2}$ und $m(G_{j_t}) \leq \tfrac{1}{2}\dim G_{j_t}$ für alle Faktoren G_{j_t} , die nicht zu $SU(2)$ isomorph sind. Ist daher die Anzahl der Faktoren $SU(2)$ in $F \times W_k$ <u>kleiner</u> als $2a+1$, dann ist (**) sicher erfüllt. Sind aber gerade $2a+1$ Faktoren $SU(2)$ vorhanden, dann ist (**) und damit auch (*) entweder erfüllt oder genau um den Betrag $\tfrac{1}{2}$ verletzt. Dieser letzte Fall kann aber für (*) nicht eintreten, da ja auf beiden Seiten von (*) ganze Zahlen stehen! Damit ist die Formel für $m(G)$ bewiesen.

<u>10.3. Beweis des Lückensatzes.</u> G operiere nun fast-effektiv auf X^m , $m \geq 17$, und

es sei dim $G < \frac{1}{2}(m - k + 1)(m - k + 2)$. Wir wollen zeigen, daß dim $G \leq \frac{1}{2}(m - k)(m - k + 1)$ + $\frac{1}{2}k(k + 1)$ gilt. Wir dürfen außerdem annehmen, daß $k < \frac{1}{2}(\sqrt{8m + 9} - 3)$ ist, sonst ist wie erwähnt nichts zu zeigen. OBdA. sei G zusammenhängend. Wieder schreiben wir $G = T^q \times G'_1 \times \ldots \times G'_s/N$, wobei N endlich und die G'_i entweder isomorph zu $\text{Spin}(4)$ oder einfach zusammenhängend und einfach sind, und so daß höchstens ein Faktor $SU(2)$ vorkommt.

Es sei nun t_i die kleinste positive Zahl, für die dim $G'_i \leq \frac{1}{2}t_i(t_i + 1)$ gilt. "Für den Torus" setzen wir auch noch $t_{s+1} = \ldots = t_{s+q} = 1$. Wir haben dann dim $G \leq \frac{1}{2} \sum_{i=1}^{s+q} t_i(t_i + 1)$.

Ist G'_i vom Typ B_r, C_r oder D_r , so folgt aus dim $G'_i < \frac{1}{2}(m - k + 1)(m - k + 2)$ sofort, daß dim $G'_i \leq \frac{1}{2}(m - k)(m - k + 1)$ ist. (Beispiel: $r(2r + 1) < \frac{1}{2}(m - k + 1)(m - k + 2)$ $\iff 2r < m - k + 1 \iff 2r \leq m - k \iff r(2r + 1) \leq \frac{1}{2}(m - k)(m - k + 1)$) . Für diese Faktoren G'_i ist also $t_i \leq m - k$. Die den Beweis vereinfachende Wirkung unserer Annahme $m \geq 17$ besteht nun genau darin, daß $t_i \leq m - k$ für alle i folgt, also auch für Faktoren vom Typ A_r und für die Ausnahmegruppen. Man prüft das direkt an Hand der Liste.

Sei oBdA. t_1 das größte der t_i und $m - k = t_1 + \delta$. Wir wissen also: $\delta \geq 0$. Dann ist dim $G \leq \frac{1}{2}(m - k - \delta)(m - k - \delta + 1) + \frac{1}{2} \sum_{i=2}^{s+q} t_i(t_i + 1)$. Wir haben dim $G \leq \frac{1}{2}(m - k)(m - k + 1) + \frac{1}{2}k(k + 1)$ zu zeigen.

Hinweis: $0 \leq x$ und $b \leq a + x \implies a(a + 1) + b(b + 1) \leq (a + x)(a + x + 1) + (b - x)(b - x + 1)$.

1. Fall: $\delta \geq \sum_{2}^{s+q} t_i$. Dann ist $\sum t_i(t_i + 1) \leq \delta(\delta + 1)$ und daher dim $G \leq \frac{1}{2}(m - k - \delta)(m - k - \delta + 1) + \frac{1}{2}\delta(\delta + 1) \leq \frac{1}{2}(m - k)(m - k + 1)$.

2. Fall: $\delta \leq \sum_{2}^{s+q} t_i$. Dann können wir δ_i so wählen, daß $0 \leq \delta_i \leq t_i$ und $\delta = \sum_{2}^{s+q} \delta_i$. (Diese δ_i haben keine geometrische Bedeutung). Dann ist dim $G \leq \frac{1}{2}(m - k - \delta)(m - k - \delta + 1) + \frac{1}{2} \sum_{2}^{s+q} t_i(t_i + 1) \leq \frac{1}{2}(m - k)(m - k + 1) + \frac{1}{2} \sum (t_i - \delta_i)(t_i - \delta_i + 1)$; weil $t_i \leq m - k - \delta = t_1$ dürfen wir wirklich so von dem "Hinweis" Gebrauch machen. Und nun benutzen wir zum ersten und einzigen Male in diesem Beweis die "Formel" bzw. das genannte Corollar: Da G fast-effektiv auf X operiert, ist $m - k - \delta + \sum_{2}^{q+s} t_i = \sum_{1}^{q+s} t_i \leq m$, also $\sum_{2}^{q+s} (t_i - \delta_i) \leq k$ und deshalb

$\sum (t_i - \delta_i)(t_i - \delta_i + 1) \leqslant k(k + 1)$ und schließlich dim $G \leqslant \frac{1}{2}(m - k)(m - k + 1) + \frac{1}{2}k(k + 1)$.

q.e.d.

§ 11. Der Symmetriegrad der exotischen Sphären (Bericht über Resultate von Wu-chung Hsiang und Wu-yi Hsiang)

11.1. Die Sätze über den Symmetriegrad der exotischen Sphären. Innerhalb des Gebietes der "differenzierbaren Aktion kompakter Liescher Gruppen auf Mannigfaltigkeiten" scheint es mir sachlich und methodisch gerechtfertigt, zwischen Aktionen "kleiner" und "großer" (bzw. "allgemeiner") Gruppen zu unterscheiden, wobei ich unter kleinen Gruppen Z_2, Z_p, S^1 und im weiteren Sinne auch andere endliche Gruppen und die Tori verstehe. In der Tat hat die Theorie der Aktionen kleiner Gruppen eine viel längere Geschichte als die großer Gruppen, und auch in letzter Zeit sind auf diesem Gebiet viele schöne neue Resultate erzielt worden. Aus Zeitmangel habe ich in dieser Vorlesung die Aktionen kleiner Gruppen ganz beiseite gelassen, und ich möchte wenigstens einmal betonen, daß dies eine wesentliche Einschränkung bedeutet.

Auch für die Aktionen großer Gruppen kann ich natürlich keine Vollständigkeit erreichen. Um aber den Eindruck, den dieses Heft davon gibt, doch in gewisser Weise abzurunden, möchte ich nun zum Schluß über den Beweis eines tiefen Resultats von Wu-chung Hsiang und Wu-yi Hsiang berichten.

In Abschnitt 2.3 hatten wir $N(M) = \max\{ \dim G \mid G$ kompakte Liegruppe, die eine (fast-) effektive Aktion auf M besitzt $\}$ nach Wu-yi Hsiang eingeführt und als ein grobes Maß für die "Symmetrie" von M bezeichnet. In diesem Paragraphen geht es nun um den Symmetriegrad der <u>exotischen Sphären</u>. In der Gruppe Θ_m der m-Sphären bilden diejenigen Sphären, die eine parallelisierbare Mannigfaltigkeit beranden, eine Untergruppe bP_{m+1}, und wir nennen eine exotische Sphäre Σ^m <u>sehr exotisch</u>, wenn sie nicht in bP_{m+1} enthalten ist.

Satz 1 (Wu-yi Hsiang [27] 1967): Ist $\Sigma^m \in bP_{m+1}$, $m \geq 64$ und $\Sigma^m \neq S^m$, dann ist $N(\Sigma^m) < \frac{1}{8}m^2 + 1$.

Satz 2 (Wu-chung Hsiang und Wu-yi Hsiang [26] 1967): Ist Σ^m sehr exotisch, $m \geq 300$, dann ist $N(\Sigma^m) < \frac{1}{16}(m+1)^2 + 3$.

Ergänzende Bemerkungen:

Für die exotischen Sphären in bP_{m+1} ist diese Abschätzung ziemlich genau: Für die Kervaire-Sphären Σ^{8k+1} ist $N(\Sigma^m) = \frac{1}{8}m^2 + \frac{7}{8}$, für die anderen jedenfalls $\frac{1}{8}(m-1)(m-3) \leq N(\Sigma^m) < \frac{1}{8}m^2 + 1$. Das folgt z.B. leicht aus Resultaten von Brieskorn und Hirzebruch [19], vergl. [27], p. 352. Für die sehr exotischen Sphären ist jedoch fast keine Abschätzung von unten bekannt: Das beste Resultat in dieser Richtung ist ein Ergebnis von Bredon [8], wonach $N(\Sigma^{13}) \geq 3$.

Die Voraussetzung $m \geq 64$ bzw. 300 ist technischer Art in dem Sinne, daß unterhalb dieser Schranken die Einheitlichkeit des Beweises verloren geht und vielleicht auch einzelne Ausnahmefälle auftreten mögen.

Den Beweis vollständig wiederzugeben würde mehr Platz in Anspruch nehmen, als die anderen zehn Paragraphen zusammen, aber ich glaube doch, daß sich auf dem durch einen "Paragraphen" ungefähr festgelegten Raum noch sinnvoll über die einzelnen Beweisschritte berichten läßt. Wir wollen also von jetzt ab **annehmen**: Eine zusammenhängende kompakte Liegruppe G operiere effektiv auf der Homotopiesphäre Σ^m , $\Sigma^m \neq S^m$, und es sei entweder

(1) $\dim G \geq \frac{1}{8}m^2 + 1$, $\Sigma^m \in bP_{m+1}$ und $m \geq 64$ oder

(2) $\dim G \geq \frac{1}{16}(m+1)^2 + 3$, Σ^m sehr exotisch und $m \geq 300$.

11.2. G hat einen "großen Faktor" (Beweis mittels der Formel für $m(G)$). Aus $m(G) \geq a$ und $\dim G \leq b$ folgt $m(G) \leq \frac{a}{b} \dim G$. Schreiben wir daher $G = T^q \times G_1' \times \ldots \times G_s'/N$ wie in § 10, so folgt daraus mit Hilfe der "Formel für $m(G)$ " :

$$m(T^q) + m(G_1') + \ldots + m(G_s') \leq \frac{a}{b}(\dim T^q + \dim G_1' + \ldots + \dim G_s')$$

und daher ist, falls $\frac{a}{b} < 1$, für mindestens eines der i :

$$\frac{b}{a} \leqslant \frac{\dim G_i'}{m(G_i')}$$

Für die einfachen einfach zusammenhängenden Gruppen können wir die Zahl $\frac{\dim(\ldots)}{m(\ldots)}$ aus der in § 10 angegebenen Liste entnehmen:

Typ	A_r	B_r	C_r	D_r	G_2	F_4	E_6	E_7	E_8
$\dim(\ldots)/m(\ldots)$	$\frac{1}{2}r+1$	$r+\frac{1}{2}$	$\frac{1}{2}r\frac{2r+1}{2r-2}$	r	$\frac{7}{3}$	$\frac{13}{4}$	3	$\frac{133}{54}$	$\frac{248}{112}$

Ist also $\frac{b}{a} \leqslant \frac{\dim G}{m(G)}$ und $\frac{b}{a} \geqslant 4$, so gibt es in dem Produkte $T^q \times G_1' \times \ldots \times G_s'$ einen Faktor vom Typ A_r oder B_r oder C_r oder D_r mit $r \geqslant 2\frac{b}{a} - 2$ bzw. $r \geqslant \frac{b}{a} - \frac{1}{2}$ bzw. $r \geqslant 2\frac{b}{a} - 8$ bzw. $r \geqslant \frac{b}{a}$. Auf diese Weise erhält man:

<u>Corollar zur Formel für $m(G)$</u> : Operiert $G = T^q \times G_1' \times \ldots \times G_s'/N$ effektiv auf einer m-dimensionalen zusammenhängenden Mannigfaltigkeit (also $m(G) \leqslant m$) und ist $\dim G \geqslant \frac{1}{8}m^2 + 1$, $m \geqslant 64$ (bzw. $\dim G \geqslant \frac{1}{16}(m+1)^2 + 3$, $m \geqslant 300$), dann gibt es ein i für welches G_i' isomorph ist zu

$$\begin{aligned}&\text{Spin}(n) \quad, \quad n > \tfrac{1}{4}m \quad (\text{bzw. } n > \tfrac{1}{8}m)\\ \text{oder} \quad &\text{SU}(n) \quad, \quad n > \tfrac{1}{4}m-1 \quad (\text{bzw. } n > \tfrac{1}{8}m-1)\\ \text{oder} \quad &\text{Sp}(n) \quad, \quad n > \tfrac{1}{4}m-2 \quad (\text{bzw. } n > \tfrac{1}{8}m-2)\end{aligned}$$

Dieses G_i' ist dann der "große Faktor", den wir finden wollten. Dabei haben wir also gar nicht ausgenutzt, daß $\sum^m$ eine Sphäre ist, sondern nur, daß $\sum^m$ eine zusammenhängende m-dimensionale Mannigfaltigkeit ist.

Von nun an verläuft der Beweis, bis ganz zum Schluß, in drei parallelen Bahnen, in denen diese drei Fälle einzeln behandelt werden. Da ich sowieso nur die Techniken beschreiben will, werde ich hier natürlich nur <u>einer</u> dieser Bahnen folgen, die anderen beiden sind analog - allerdings nicht <u>so</u> analog, daß man sie bei einem ausführlichen Beweis mit einer "Bleibt-dem-Leser-überlassen-Bemerkung" aus der Welt schaffen könnte.

Wir beschränken uns also von jetzt ab auf den Fall, daß $G = \text{Spin}(n) \times G'/N$ mit $n > \frac{1}{4}m$ (bzw. $n > \frac{1}{8}m$) sei. Wir wollen auch sogleich Gebrauch von der "Größe" des "großen Faktors" machen: Es gilt nämlich folgender Satz aus der <u>Darstellungstheorie</u>, den ich hier ohne Beweis aus [23] zitiere:

Satz (Hsiang und Hsiang [23]): Es sei H eine zusammenhängende kompakte Liegruppe und H ⊂ SO(n) eine treue Darstellung, wobei n ⩾ 11 und dim SO(n)/H ⩽ $\frac{1}{4}(n-1)^2$ ist. Dann ist H in SO(n) konjugiert zu einer Untergruppe der Form SO(k) × K, wobei SO(k) ⊂ SO(n) die Standardeinbettung ist, K Untergruppe des zu SO(k) "komplementären" SO(n - k) und k > $\frac{1}{2}$n .

Ist nun $\tilde{H}$ ⊂ Spin(n) die 1-Komponente einer Standgruppe der Spin(n)-Aktion auf Σ^m , dann sind für das Bild H von $\tilde{H}$ unter Spin(n) $\xrightarrow{\pi}$ SO(n) die Voraussetzungen des Satzes erfüllt, woraus zunächst einmal folgt, daß $\pi^{-1}(\{1\})$ ⊂ H ist und deshalb die Spin(n)-Aktion von einer SO(n)-Aktion stammt und ferner daß die 1-Komponenten der Standgruppen dieser SO(n)-Aktion die Form SO(k) × K , k > $\frac{1}{2}$n , haben.

Damit sieht nun die Annahme, von der wir ausgehen dürfen, schon etwas klarer aus:

<u>Annahme:</u> G = SO(n) × G' operiert fast-effektiv auf Σ^m , n > $\frac{1}{4}$m (bzw. n > $\frac{1}{8}$m) , dim G ⩾ $\frac{1}{8}m^2$ + 1 (bzw. dim G ⩾ $\frac{1}{16}(m + 1)^2$ + 3) und die 1-Komponenten der Standgruppen der SO(n)-Aktion sind von der Form SO(k) × K mit k > $\frac{1}{2}$n .

11.3. <u>Der große Faktor operiert fast-regulär. (Beweis mittels Pontrjaginscher Klassen).</u>
Im vorigen Abschnitt haben wir außer von den Dimensionsvoraussetzungen nur vom <u>Zusammenhang</u> von Σ^m Gebrauch gemacht. Daß Σ^m eine Sphäre ist, wollen wir auch in diesem Abschnitt nur ein kleines bißchen benutzen, nämlich durch Verwendung der Tatsache, daß die erste Pontrjaginsche Klasse $p_1(\Sigma^m)$ = 0 ist und dies deshalb auch für die Einschränkung des Tangentialbündels $T\Sigma^m$ auf jeden Orbit so sein muß. Zunächst aber definieren wir:

<u>Definition:</u> Eine SO(n)-Aktion heißt <u>regulär</u>, wenn jede Standgruppe konjugiert zu einem gewöhnlich eingebetteten SO(n') ist, und sie heißt <u>fast-regulär</u>, wenn die 1-Komponenten der Standgruppen diese Eigenschaften haben. Das kleinste so vorkommende n' heiße die

Hauptzahl der Aktion (weil dann SO(Hauptzahl) die 1-Komponente der Hauptstandgruppe der Aktion ist).

<u>Satz</u> (Hsiang und Hsiang [23], Th. 2.1.): Die SO(n)-Aktion auf $\sum^m$ ist fast-regulär mit einer Hauptzahl $\geq \frac{2}{3}n$. (Das gilt für jede SO(n)-Aktion auf M^m mit $p_1(M) = 0$, $n \geq 11$ und $m \leq \frac{1}{4}(n-1)^2$).

<u>Skizze des Beweises:</u> Da wir es nur mit der SO(n)-Aktion zu tun haben, sei SO(n) für den Rest des Abschnittes 11.3 mit G bezeichnet. Angenommen, es gäbe eine Standgruppe G_x , deren 1-Komponente $H = SO(k) \times K$ mit $k > \frac{1}{2}n$ und einem positiv-dimensionalen K ist. Außerdem sei der Scheibentyp $[G_x, V]$ im Scheibendiagramm maximal mit dieser Eigenschaft. Unser Ziel ist es, zu zeigen, daß $p_1(G/G_x) + p_1(G \times_{G_x} V) \neq 0$ ist, denn dann hätten wir einen Widerspruch zu $p_1(\sum^m) = 0$. Dazu genügt es aber auch, $p_1(G/H) + p_1(G \times_H V) \neq 0$ nachzuweisen, denn diese Cohomologieklasse ist das Bild der zuerst genannten unter dem von $G/H \longrightarrow G/G_x$ induzierten Homomorphismus.

In einer solchen Situation wendet man sich natürlich an Borel-Hirzebruch [5]. Der Satz, den wir brauchen, steht auf S. 491 im ersten Teil dieser Arbeit. Zunächst etwas Theorie: Es sei ξ ein Prinzipalfaserbündel mit Totalraum E_ξ und Basis B_ξ , und es sei T ein maximaler Torus der Strukturgruppe. Dann haben wir das bekannte Diagramm von Faserbündeln:

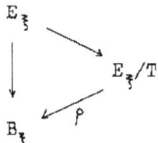

Jetzt assoziieren wir einen (reellen) Modul der Strukturgruppe an ξ und erhalten so ein reelles Vektorraumbündel A über B_ξ . Die totale rationale Pontrjaginklasse p(A) ist dann also ein Element in $H^*(B_\xi; Q)$. Leichter zugänglich, in gewissem Sinne, ist jedoch das Bild $\rho^* p(A)$ von p(A) unter dem injektiven (ein Satz von Borel) Homomorphismus $\rho^*: H^*(B_\xi, Q) \longrightarrow H^*(E_\xi/T, Q)$. <u>Denn:</u> Der Strukturgruppenmodul, mit dem wir A konstruiert haben, habe die Gewichte $\omega_1, \ldots, \omega_r$, das sind Elemente aus $\text{Hom}(T, S^1)$, und sie beschreiben gerade die Wirkung des Torus T in dem Modul. Nun, von $\text{Hom}(T, S^1)$

führt die sogenannte Transgression

$$\tau: \text{Hom}(T, S^1) \longrightarrow H^2(E_\xi/T, \mathbb{Q})$$

in die zweite Cohomologiegruppe von E_ξ/T , und zwar ist $-\tau\omega$ die erste Chernsche Klasse des komplexen Geradenbündels $E_\xi \times_T \mathbb{C}$, wobei T via ω auf $\mathbb{C}$ operiert. Es gilt nun:

Satz (Borel-Hirzebruch [5], p. 491): $\rho^* p(A) = \prod_{i=1}^{r} (1 + (\tau\omega_i)^2)$.

Insbesondere gilt daher für die erste Pontrjaginsche Klasse: $\rho^* p_1(A) = \sum_{i=1}^{r} (\tau\omega_i)^2 \in H^4(E_\xi/T, \mathbb{Q})$.

Nun zur Anwendung auf unseren Fall: Als Faserung $E_\xi \longrightarrow B_\xi$ wählen die Autoren nicht etwa $SO(n) \longrightarrow SO(n)/H$ mit Strukturgruppe H , wie man vielleicht zunächst erwarten würde, sondern

$$SO(n)/SO(k) \longrightarrow SO(n)/SO(k) \times K$$

mit Strukturgruppe K . Bevor ich skizziere, warum man mit K-Moduln auskommt, während wir doch scheinbar H-Moduln zu assoziieren haben, möchte ich erst angeben, in welchem Sinne dieses K-Bündel "einfacher" als das H-Bündel $SO(n) \longrightarrow SO(n)/H$ ist: Da $n \geqslant 11$ und $k > \frac{1}{2}n$ ist $k \geqslant 6$ und deshalb ist der Totalraum $E_\xi = SO(n)/SO(k)$ 5-zusammenhängend. Daraus folgt jedoch, daß $H^*(E_\xi/T, \mathbb{Q})$ bis zur Dimension 5 isomorph zum Polynomring $\mathbb{Q}[\tau\beta_1, \ldots, \tau\beta_s]$ ist, wobei $\beta_1, \ldots, \beta_s$ die kanonische Basis von $\text{Hom}(T, S^1)$ bezeichnet. Insbesondere ist also $H^4(E_\xi/T, \mathbb{Q})$ der freie $\mathbb{Q}$-Modul, der von den Monomen vom Grade zwei in den $\tau\beta_i$ erzeugt wird. Sei $\alpha: H^4(E_\xi/T, \mathbb{Q}) \longrightarrow \mathbb{Q}$ durch den Koeffizienten von $(\tau\beta_1)^2$ gegeben. Dann ist nach dem oben genannten Satz von Borel-Hirzebruch jedenfalls $\alpha \rho^* p_1(A) \geqslant 0$, wenn A durch Assoziation eines K-Moduls gegeben ist.

Was nützt uns das? Das Tangentialbündel von G/H ist nicht durch einen K-Modul gegeben! Aber: Es gibt, wie in [23] gezeigt wird, durch K-Modul-Assoziation entstandene Bündel A_1 und A_2 über G/H , so daß $\text{Tang}(G/H) \oplus A_1 = A_2$. (Für $K = \{1\}$ ist das die Aussage, daß die Stiefel-Mannigfaltigkeiten stabil parallelisierbar sind.) Die definierenden K-Moduln für A_1 und A_2 können ganz explizit mit Hilfe von

SO(n), SO) und $K \subset SO(n-k)$ angegeben werden, mit der Aktion hat das sonst nichts zu tun. Unter Ausnutzung der Dimensionsvoraussetzungen kann man dann zeigen, daß $\alpha\rho^* p_1(A_2) > \alpha\rho^* p_1(A_1)$ ist, und deshalb ist $\alpha\rho^* p_1(G/H) > 0$. Daß dieses schöne Ergebnis durch $p_1(G \times_H V)$ nicht gestört werden kann, folgt dann daraus, daß wegen der Voraussetzungen über $[G_x, V]$ der H-Modul V in der Tat ein K-Modul ist - SO(k) operiert trivial, Beweis mittels Darstellungstheorie. Also $\alpha\rho^* p_1(G \times_H V) \geqslant 0$, und damit ist die fast-Regularität bewiesen. Schließlich folgt dann $k \geqslant \frac{2}{3}n$ aus dim SO(n)/SO(k) = $\frac{1}{2}n(n-1) - \frac{1}{2}k(k-1) \leqslant m \leqslant \frac{1}{4}(n-1)^2$.

11.4. Regularität und Formel für die Dimension der Fixpunktmenge der Aktion des großen Faktors (Beweis mittels P.A. Smith-Theorie).

Wir betrachten wieder die Aktion des großen Faktors SO(n) auf Σ^m.

Satz 23 : (i) Ist r die Dimension der Fixpunktmenge und k die Hauptzahl der (wie wir wissen) fast-regulären Aktion, so gilt $m - n(n-k) = r$.

(ii) Die Aktion ist regulär.

Skizze des Beweises: Ich beschränke mich hierbei auf den einfacheren Fall n gerade. Zuerst versuchen wir die Formel $m - n(n-k) = r$ zu verifizieren. Aus der Darstellungstheorie folgt aus unseren Dimensionsvoraussetzungen: Ist x ein Fixpunkt, so ist der Scheibentyp an der Stelle x von der Form $[SO(n), (n-k)\rho_n \oplus \text{trivial}]$, die Codimension der Fixpunktmenge ist also $n(n-k)$, d.h. $r = m - n(n-k)$. Das gilt für jede fast-reguläre SO(n)-Mannigfaltigkeit M^m mit $m \leqslant \frac{1}{4}(n-1)^2$. Die Formel wird jedoch im allgemeinen falsch sein, wenn die Fixpunktmenge leer, also $r = -1$ ist: Denn durch kartesisches Produkt mit einer trivialen SO(n)-Mannigfaltigkeit wird die Dimension der Mannigfaltigkeit größer, obwohl sich an $r = -1$ und der Hauptzahl k nichts ändert. Dennoch ist in unserem Falle die Formel auch für $r = -1$ richtig, und beim Beweis werden wir ausnutzen müssen, daß Σ^m eine Sphäre ist.

Sei T ein maximaler Torus von SO(n). Da n gerade ist, ist T in keinem SO(i) für $i < n$ enthalten, und daraus folgt, daß für jede fast-reguläre SO(n)-Aktion gilt:

Fix (T, M^m) = Fix $(SO(n), M^m)$. Wir haben also eine Aussage über die Dimension der Fixpunktmenge einer Torus-Aktion auf einer Sphäre zu machen. Das ist eine typische Fragestellung der "P.A. Smith-Theorie", und wir wollen jetzt ein erstes Mal von dieser Theorie Gebrauch machen. Als Corollar eines Satzes von Borel ([4], p. 175) erhalten wir nämlich:

<u>Satz:</u> T operiere auf Σ^m und es bezeichne $r = \dim \text{Fix}(T, \Sigma^m)$. Durchläuft H die Menge der abgeschlossenen zusammenhängenden Untergruppen von T mit Codimension 1 und ist $r(H) = \dim \text{Fix}(H, \Sigma^m)$, so gilt $m - r = \sum_{H} (r(H) - r)$.

Da unsere SO(n)-Aktion fast-regulär ist, sind die einzigen H, die in der Summe $\sum_{H}(r(H) - r)$ einen Beitrag liefern könnten, die in T gelegenen maximalen Tori der zu $SO(n-2)$ in $SO(n)$ konjugierten Gruppen, und solche H gibt es bekanntlich gerade $\frac{n}{2}$ Stück, und für alle diese H ist $r(H) = \dim \text{Fix}(SO(n-2), \Sigma)$, was wir jetzt mit r' abkürzen wollen. Wir haben nach Borels Satz also $m - r = \frac{1}{2}n(r' - r)$. Man rechnet sofort nach, daß deshalb $r' \neq -1$ ist, die Fixpunktmenge, deren Dimension r' bezeichnet, ist also nicht leer, und wir können aus der fast-Regularität der $SO(n-2)$-Aktion schließen, daß $r' = m - (n-2)(n-k)$ ist, woraus nun $m - r = \frac{1}{2}n(m - (n-2)(n-k) - r)$ und daher $(n-2)(m-r) = (n-2)n(n-k)$ und $m - r = n(n-k)$ folgt, womit die Formel bewiesen ist.

Nun will ich kurz erläutern, wie noch weitere Sätze aus der P.A. Smith-Theorie dazu benutzt werden zu zeigen, daß die SO(n)-Aktion auf Σ^m tatsächlich <u>regulär</u> ist. Dafür dürfen wir $r \geq 1$ annehmen, andernfalls schränken wir die Aktion auf $SO(n-2)$ ein (Nicht-Regularität würde sich bei der Einschränkung vererben), $\dim \text{Fix}(SO(n-2), \Sigma) \geq 1$ folgt aus der Formel. Wir nehmen also an, es gäbe eine nichtzusammenhängende Standgruppe G_x der SO(n)-Aktion mit 1-Komponente $SO(i)$. Man überlegt sich leicht, daß man i als gerade annehmen darf. Wir wählen H so, daß $SO(i) \subset H \subset G_x$ und daß $H/SO(i) \cong Z_p$ für eine Primzahl p ist. Schließlich sei n' minimal so gewählt, daß $H \subsetneq SO(n')$ gilt.

Wir betrachten jetzt die abgeschlossenen Untermannigfaltigkeiten $\text{Fix}(SO(n'), \Sigma^m) \subset \text{Fix}(H, \Sigma^m)$ von Σ^m. Beachten Sie bitte, daß diese Inklusion <u>echt</u>

ist, denn wenn jeder unter H feste Punkt in Σ auch unter SO(n') fest bliebe, dann wäre ja insbesondere SO(n') $\subset G_x$, also n' = i , was offenbar unmöglich ist. Die Inklusion ist jedoch auch <u>offen</u>, denn die Scheibendarstellung der SO(n')-Aktion in einem Fixpunkt x ist $\rho_{n'} \oplus \ldots \oplus \rho_{n'} \oplus$ trivial, und daher und wegen der Minimalität von n' gilt im Tangentialraum von Σ^m am Punkte x: $\text{Fix}(SO(n'), T_x \Sigma^m) = \text{Fix}(H, T_x \Sigma^m)$. Wegen r⩾1 ist die Menge Fix (SO(n'), Σ) jedenfalls nicht leer, und somit wären wir an einem Widerspruch angelangt, <u>wenn</u> wir noch Fix (H, Σ^m) als zusammenhängend nachweisen könnten.

Fix (SO(n'), Σ) hat damit seine Schuldigkeit für uns getan, und wir wenden uns Fix (H, Σ) $\subset$ Fix(SO(i), Σ) = M zu. H/SO(i) = Z_p operiert auf M , und es ist klar, daß gerade Fix (H, Σ^m) = Fix (Z_p, M) gilt. Und nun wenden wir noch einmal die P.A. Smith-Theorie an ([59], vergl. [23], p. 714): Weil i gerade ist, ist M eine ganzzahlige Homologiesphäre, insbesondere eine Z_p-Homologiesphäre, und deshalb wiederum ist Fix (Z_p,M) eine Z_p-Homologiesphäre und deshalb jedenfalls zusammenhängend, wenn nur die Dimension > 0 ist: Das ist aber wegen r ⩾ 1 gesichert.

Damit wissen wir, daß der große Faktor SO(n) regulär auf Σ^m operiert, Hauptzahl ⩾ $\frac{2}{3}$n , und daß die Formel r = m - n(n - k) auch noch im Falle einer leeren Fixpunktmenge richtig bleibt. Dies alles kann man auch schließen, wenn Σ^m die Standard-Sphäre ist. Im nächsten Abschnitt werden wir auch die Exotizität von Σ ausnutzen müssen.

11.5. Abschätzung der Hauptzahl und Beweis von Satz 1 (Mittels des Satzes über Sphären als Hauptorbits auf Sphären). Eine grobe Abschätzung der Hauptzahl k (oder besser der Differenz n - k) erhält man einfach aus m - n(n - k) = r ⩾ - 1 und n > $\frac{1}{4}$m (bzw. n > $\frac{1}{8}$m) , nämlich n - k ⩽ 4 (bzw. n - k ⩽ 8) . Wesentlich subtilere Mittel sind jedoch notwendig, um diese Abschätzung zu

$$n - k \leq 1 \quad (\text{bzw.} \quad n - k \leq 2)$$

zu verbessern, was wir jetzt tun wollen. Dabei müssen wir unsere Aufmerksamkeit auf die Aktion von ganz G auf Σ^m richten und nicht nur auf die Aktion des großen Faktors wie bisher. G = SO(n) × G' operiert fast-effektiv auf Σ^m , n > $\frac{1}{4}$m (bzw. > $\frac{1}{8}$m) . G' muß also verträglich mit der Aktion einer ziemlich großen Gruppe operieren: Daraus wollen wir schließen, daß dim G' "klein" sein muß, um so zu einem Widerspruch zu dim G = dim SO(n) + dim G' $\geqslant \frac{1}{8}m^2 + 1$ (bzw. $\geqslant \frac{1}{16}(m + 1)^2 + 3$) zu kommen.

Wir betrachten zunächst den Fall $r = -1$, d.h. wir nehmen zunächst an, SO(n) operiere fixpunktfrei. Wir setzen $n - k = a$ und dim $\Sigma^m/SO(n) = b$. Sei $H' \triangleleft G'$ die Untergruppe von G', die trivial auf $\Sigma^m/SO(n)$ operiert. Dann muß H' fast-effektiv und SO(n)-verträglich auf dem Hauptorbit SO(n)/SO(k) operieren, also ist dim H' $\leqslant$ dim O(n - k) = $\frac{1}{2}a(a - 1)$. Die Gruppe G'/H' operiert effektiv auf $\Sigma^m/SO(n)$, daher ist dim G'/H' jedenfalls $\leqslant \frac{1}{2}b(b + 1)$. Es ist jedoch sogar dim G'/H' $\leqslant \frac{1}{2}b(b - 1)$, denn sonst wäre G' transitiv auf der Basis des Hauptorbitbündels der SO(n)-Aktion auf Σ^m, deshalb müßte dieses Hauptorbitbündel <u>abgeschlossen</u> und damit ganz Σ^m sein. Daraus würde aber folgen (vergl. [3]), daß SO(n) transitiv auf Σ^m, also b = 0 wäre. Wir bekommen so:

$$\dim G' \leqslant \frac{1}{2}a(a - 1) + \frac{1}{2}b(b - 1)$$

Nun ist aber $m = an - 1$, also $b = an - 1 - \frac{1}{2}n(n - 1) + \frac{1}{2}k(k - 1) = \frac{1}{2}a(a + 1) - 1$. Wir wissen schon, daß $a \leqslant 4$ (bzw. $a \leqslant 8$) ist. Für $a \geqslant 3$ bekommen wir aus den beiden Ungleichungen

$$\frac{1}{2}a(a - 1) + \frac{1}{2}b(b - 1) + \frac{1}{2}n(n - 1) \geqslant \frac{1}{8}(an - 1)^2 + 1$$
(bzw. $\frac{1}{2}a(a - 1) + \frac{1}{2}b(b - 1) + \frac{1}{2}n(n - 1) \geqslant \frac{1}{16}(an)^2 + 3$)

sofort einen Widerspruch, weil der entscheidende Koeffizient von n^2 auf der rechten Seite größer ist als auf der linken. Für $a = 2$ sind die beiden Ungleichungen jedoch erfüllt, und wenn wir einen Widerspruch zu dim SO(n) × G' $\geqslant \frac{1}{8}m^2 + 1$ erhalten wollen, müssen wir dim G' $\leqslant 1$ nachweisen.

Das gelingt aber ganz leicht mittels einer Verfeinerung der Abschätzung für dim H' : Für $a = 2$ und $r = -1$ ist Σ^m eine <u>spezielle</u> SO(n)-Mannigfaltigkeit (vergl. § 5), und wenn H' fast-effektiv und äquivariant auf den Hauptorbits operiert, dann muß es einen fast-injektiven Homomorphismus H' $\longrightarrow \Gamma = O(2)$ geben, so hatten wir vorhin geschlossen. Die H'-Aktion auf dem Hauptorbitbündel muß sich jedoch auf das singuläre Bündel fortsetzen lassen, und bereits eine lokale Überlegung zeigt, daß es dazu einen fast-injektiven Homomophismus H' $\longrightarrow \Omega = O(1) \times O(1)$ geben muß! Also ist für $a = 2$ sogar dim H' = 0, also dim G' $\leqslant 1$, q.e.d.

Das war also der einfachere Fall $r = -1$. Sei jetzt $r \geq 0$ und $x \in \Sigma^m$ ein Fixpunkt der SO(n)-Aktion. $H \triangleleft G'_x$ sei die Untergruppe der Elemente von G'_x, die den Normalenraum an die Fixpunktmenge $F = \text{Fix}(SO(n), \Sigma^m)$ punktweise festlassen. Dann operiert G'_x/H effektiv und SO(n)-äquivariant auf dem SO(n)-Modul $a\rho_n$, also ist dim $G'_x/H \leq \frac{1}{2}a(a-1)$. Der Orbit $G'x$ ist natürlich in F enthalten, also gilt dim $G'/G'_x \leq r$. Zur Abschätzung von dim $G' = \dim G'/G'_x + \dim G'_x/H + \dim H$ fehlt uns also jetzt noch eine Abschätzung von dim H. Und dies ist der wesentliche Teil des ganzen Abschnitts: Die naheliegende Abschätzung dim $H \leq \frac{1}{2}r(r-1)$ (H ist nicht transitiv auf F, da $Hx = x$) ist nämlich viel zu schlecht.

<u>Satz [26]</u>: dim $H \leq \frac{1}{8}r^2$.

Zum Beweis braucht man zunächst ein darstellungstheoretisches Lemma [26], welches folgendes besagt: Ist $H \longrightarrow O(r)$ eine fast-treue Darstellung und ist dim $H > \frac{1}{8}r^2$, so gibt es eine zusammenhängende Untergruppe H' von H, so daß die auf H' eingeschränkte Darstellung von der Form transitiv $\oplus$ trivial ist. Daraus folgt, daß die Hauptorbits der H'-Aktion auf Σ^m unter der Annahme dim $H > \frac{1}{8}r^2$ Sphären sind und die Fixpunktmenge zu den Hauptorbits "komplementäre" Dimension hat. Solche Aktionen sind jedoch ziemlich genau untersucht (vergl. Bredon [6], Hsiang und Hsiang [21]) und es folgt, daß Σ^m eine <u>Standardsphäre</u> sein müßte (nämlich $\Sigma^m = \partial(D^1 \times M)$, M zusammenziehbar, h-Cobordismus-Satz).

Nun haben wir also dim $G' \leq \frac{1}{8}r^2 + r + \frac{1}{2}a(a-1)$, und daraus bekommt man für $a \geq 2$ (bzw. $a \geq 3$) leicht einen Widerspruch zu dim $G' + \frac{1}{2}n(n-1) \geq \frac{1}{8}m^2 + 1$ (bzw. $\geq \frac{1}{16}(m+1)^2 + 3$), man hat nur $r = m - an$ einzusetzen und $m \geq an$ (wegen $r \geq 0$) und $n > \frac{1}{4}m$ (bzw. $> \frac{1}{8}m$) auszunutzen.

Damit sind nun die gewünschten Abschätzungen der Hauptzahl erreicht, und damit ist auch Satz 1 bewiesen, denn wenn die Hauptzahl $n - 1$ ist, sind die Hauptorbits Sphären und die singulären Orbits Fixpunkte, und $\Sigma^m = S^m$ folgt aus dem leichteren Teil von [21].

11.6. Beweis von Satz 2 (Mittels eines "Einbettungslemmas für Orbittripel"). In dem

11.6. Beweis von Satz 2 (Mittels eines "Einbettungslemmas für Orbittripel"). In dem einzigen verbleibenden Fall, aus dem wir noch einen Widerspruch abzuleiten haben, ist Σ^m eine sehr exotische Sphäre, auf der $SO(n)$ regulär mit der Hauptzahl $n-2$ operiert. Eine solche Aktion ist vom "Typ $2-n$" in der Terminologie des § 7 (daß dort von $O(n)$-Aktionen und hier von $SO(n)$-Aktionen die Rede ist, ist unwesentlich, vergl. [29] p. 75). Der Orbitraum $B = \Sigma^m/SO(n)$ ist also eine berandete Mannigfaltigkeit, und die Fixpunktmenge, die wir wie in [26] mit L bezeichnen wollen, ist eine 2-codimensionale Untermannigfaltigkeit des Randes. Das Tripel $(B, \partial B, L)$ nennt man das "Orbittripel" der Aktion.

Da Σ^m eine Sphäre ist, läßt sich noch mehr über $(B, \partial B, L)$ beweisen: B ist zusammenziehbar, ∂B also eine Z-Homologiesphäre, und L ist (P.A. Smith-Theorie) für gerades n eine Z-Homologiesphäre und für ungerades n jedenfalls noch eine Z_2-Homologiesphäre. Daraus wiederum folgt, daß Σ^m sogar eine "(B,L)-Mannigfaltigkeit" ist (in § 7 hatten wir (M, M_0)-Mannigfaltigkeiten eingeführt), und aus dem Klassifikationssatz für (M, M_0)-Mannigfaltigkeiten ergibt sich, daß es zu (B,L) bis auf äquivariante Diffeomorphie genau eine (B,L)-Mannigfaltigkeit gibt, die wir mit $X(B,L)$ bezeichnen wollen: $\Sigma^m = X(B,L)$.

Soviel also zur "Analyse" von Σ^m. Der Widerspruch soll nun durch eine Einbettung von Σ^m in S^{m+2} herbeigeführt werden, denn es ist bekannt, daß eine mit Codimension zwei in S^{m+2} eingebettete Homotopiesphäre nicht sehr exotisch sein kann. Natürlich genügt es auch, Σ^m in irgendeine Homotopiesphäre Σ^{m+2} einzubetten, denn dann ist Σ^m auch in $\Sigma^{m+2} \neq -\Sigma^{m+2} = S^{m+2}$ einbettbar.

Dazu konstruieren wir zu (B, B, L) auf die einfachste nur denkbare Weise ein Tripel mit einer um zwei höheren Dimension:
$$(B', \partial B', L') = (B \times D^2, \partial(B \times D^2), \partial B \times \{0\}) ,$$
wobei man sich die Karte geglättet vorzustellen hat, versteht sich. Es gibt dann auch nur eine (B', L')-$SO(n)$-Mannigfaltigkeit $X(B', L')$. Außerdem sieht man leicht, daß $\partial B' - L'$ homotopieäquivalent zu S^1 ist, und daraus läßt sich folgern, daß $X(B', L')$ eine Homotopiesphäre ist! Um nun zu einer Einbettung $X(B,L) \subset X(B', L')$ zu kommen, würde es genügen, das Tripel $(B, \partial B, L)$ in der richtigen Weise in $(B', \partial B', L')$ einzu-

betten, nämlich so:

<u>Einbettungslemma für Orbittripel:</u> Seien $(B,\partial B,L)$ und $(B',\partial B',L')$ wie oben. Dann gibt es eine Einbettung $B \subset B'$, so daß B den Rand $\partial B'$ transversal in ∂B trifft (sowieso), und daß ∂B transversal zu L' ist und $\partial B \cap L' = L$.

<u>Zum Beweis des Einbettungslemmas:</u> Die "natürliche" Einbettung $B \longrightarrow B \times \{0\} \subset B \times D^2$ erfüllt die Bedingungen offenbar nicht. Dennoch gehen wir von dieser Einbettung aus; wir werden sie durch eine kleine Korrektur zu einer Einbettung mit den gewünschten Eigenschaften machen. Diese Korrektur besteht aber nicht darin, die Einbettung zu ändern, sondern L' durch ein zu L' isotopes L'' zu ersetzen, so daß dann $B \longrightarrow B \times \{0\} \subset B'$ in Bezug auf $(B',\partial B',L'')$ die richtigen Eigenschaften hat. Und zwar konstruieren wir L'' als Graphen eines Schnittes im Normalbündel von L' in $\partial B'$, und wir betrachten diesen Graphen dann mittels einer Tubenabbildung als eine Untermannigfaltigkeit von $\partial B'$. Von diesem Schnitt $L' \longrightarrow N'$ müssen wir also verlangen, daß er genau in $L \subset \partial B \times \{0\}$ = L' verschwindet und daß sein Graph transversal zu L' ist.

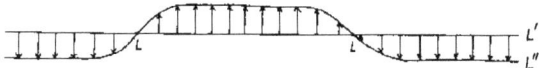

Das Normalbündel N' von L' ist trivial, wir haben also eine Abbildung $L' \longrightarrow \mathbb{R}^2$ mit den genannten Eigenschaften zu finden. Das Normalbündel von L in L' ist ebenfalls trivial. Sei $L \times D^2 \subset L'$ eine Tubenumgebung von L in L' . Nach dem Satz von Bruschlinsky gibt es dann eine Abbildung von $L' - L$ in $\mathbb{R}^2 - \{0\}$, deren Einschränkung auf $\{x\} \times S^1 \subset L \times D^2$ den Abbildungsgrad ± 1 hat. Eine solche Abbildung kann man aber so homotop zu einer Abbildung $f: L' - L \longrightarrow \mathbb{R}^2 - \{0\}$ abändern, daß $f : \{x\} \times (D^2 - \{0\}) \longrightarrow D^2 - \{0\}$ für jedes $x \in L$ eine Isometrie ist. Die Fortsetzung von f auf ganz L' ist dann der gesuchte Schnitt $f: L' \longrightarrow \mathbb{R}^2$.

Und damit soll der Bericht über den Beweis der Sätze vom Symmetriegrad der exotischen Sphären beendet sein.

Literaturverzeichnis

[1] M.F. Atiyah, K-Theory, Notes by D.W. Anderson, Harvard University 1964.

[2] M.F. Atiyah and G. Segal, Equivariant K-theory, (vervielfältigt), University of Warwick 1965.

[3] A. Borel, Transformation groups with two classes of orbits, Proc. Nat. Acad. Sci. U.S. 43 (1957), 983 - 995.

[4] A. Borel, Fixed point theorems for elementary commutative groups I, II, Seminar on Transformation Groups, Annals of Math. Studies 46 (1960), Chapters XII, XIII.

[5] A. Borel and F. Hirzebruch, Characteristic classes and homogeneous spaces I, Amer. J. Math. 80 (1958), 458 - 538.

[6] G. Bredon, Fixed point sets and orbits of complementary dimension, Annals of Math. Studies 46 (1960), Chapt. XV.

[7] G. Bredon, Examples of differentiable group actions, Topology 3 (1965), 115 - 122.

[8] G. Bredon, A π_*-module structure for Θ_* and applications to transformation groups, Ann. Math. 86 (1967), 434 - 448.

[9] G. Bredon, Exotic actions on spheres, ercheint in Proc. of the Conference on Transformation Groups.

[10] E. Brieskorn, Examples of singular normal complex spaces which are topological manifolds, Proc. Nat. Acad. Sci. USA 55 (1966), 1395 - 1397.

[11] E. Brieskorn, Beispiele zur Differentialtopologie von Singularitäten, Invent. math. 2 (1966), 1 - 14.

[12] C. Chevalley, Theory of Lie Groups, Princeton 1946.

[13] E. Connell, D. Montgomery and C.T. Yang, Compact groups in E^n, Ann. Math. 80 (1964), 94 - 103, Correction: Ann. Math. 81 (1965) p. 194.

[14] L.P. Eisenhart, Riemannian Geometry, (5. Auflage), Princeton University Press 1964.

[15] D. Erle, Die quadratische Form eines Knotens und ein Satz über Knotenmannigfaltigkeiten, Dissertation Bonn 1967.

[16] A. Haefliger, Knotted (4k-1)-spheres in 6k-space, Ann. Math. 75 (1966), 452 - 466.

[17] M.W. Hirsch and E.C. Zeeman, Engulfing, Bull. Amer. Math. Soc. 72 (1966), 113 - 115.

[18] F. Hirzebruch, Introduction to the theory of vector bundles and K-theory, Lectures at the Universities of Amsterdam and Bonn, (vervielfältigt), 1965.

[19] F. Hirzebruch, Singularities and exotic spheres, Séminaire Bourbaki 19e année, 1966/67, n° 314 (1966).

[20] F. Hirzebruch und K.H. Mayer, O(n)-Mannigfaltigkeiten, exotische Sphären und Singularitäten, Lecture Notes in Mathematics 57 (1968)

[21] W.C. Hsiang and W.Y. Hsiang, Classification of differentiable actions on S^n, R^n and D^n with S^k as the principal orbit type, Ann. Math. 82 (1965), 421 - 432.

[22] W.C. Hsiang and W.Y. Hsiang, Some results on differentiable actions, Bull. Am. Math. Soc. 72 (1966), 134 - 137.

[23] W.C. Hsiang and W.Y. Hsiang, Differentiable Actions of Compact Connected Classical Groups I, Amer. J. Math. 89 (1967), 705 - 786.

[24] W.C. Hsiang and W.Y. Hsiang, On the compact subgroups of the diffeomorphism groups of Kervaire spheres, Ann. Math. 85 (1967), 359 - 369

[25] W.C. Hsiang and W.Y. Hsiang, Some problems in differentiable transformation groups, (vervielfältigt), Yale University 1967 (erscheint in "Proceedings of the Conference on Transformation Groups, Tulane 1967" im Springer Verlag, vorauss. 1968).

[26] W.C. Hsiang and W.Y. Hsiang, Degree of symmetry of homotopy spheres, (vervielfältigt), Yale University 1967.

[27] W.Y. Hsiang, On the bound of the dimensions of the isometry groups of all possible riemannian metrics on an exotic sphere, Ann. Math. 85 (1967) 351 - 358.

[28] K. Jänich, Differenzierbare Mannigfaltigkeiten mit Rand als Orbiträume differenzierbarer G-Mannigfaltigkeiten ohne Rand, Topology 5 (1966), 301 - 320.

[29] K. Jänich, On the classification of O(n)-manifolds, Math. Ann. 176 (1968) 53 - 76.

[30] J.L. Koszul, Sur certain groupes de transformations de Lie, Coll. Int. Centre Nat. Rech. Sci. 52, Géométrie Différentielle (1953), 137 - 142.

[31] M. Krämer, Hauptisotropiegruppen bei endlichdimensionalen Darstellungen kompakter halbeinfacher Liegruppen, Diplomarbeit Bonn 1966.

[32] L.N. Mann, Gaps in the dimensions of transformation groups, Illinois J. Math. 10 (1966), 532 - 546.

[33] J. Milnor, Differential topology, (vervielfältigt), Princeton 1958.

[34] J. Milnor, Differentiable structures, (vervielfältigt), Princeton 1960.

[35] J. Milnor, Topology from the differentiable viewpoint, University Press of Virginia, 1965.

[36] J. Milnor, Lectures on the h-cobordism theorem, Princeton University Press 1965.

[37] D. Montgomery, Orbits of highest dimension, Seminar on Transformation Groups, Annals of Math. Studies 46 (1960), Chapter IX.

[38] D. Montgomery and H. Samelson, Examples for differentiable group actions on spheres, Proc. Nat. Acad. Sci. U.S. 47 (1961),1202 - 1205.

[39] D. Montgomery, H. Samelson and C.T. Yang, Exceptional orbits of highest dimension, Ann. Math. 64 (1956), 131 - 141.

[40] D. Montgomery, H. Samelson and C.T. Yang, Groups on E^n with (n-2)-dimensional orbits, Proc. Am. Math. Soc. 7 (1956), 719 - 728.

[41] D. Montgomery, H. Samelson and L. Zippin, Singular points of a compact transformation group, Ann. Math. 63 (1965), 1 - 9.

[42] D. Montgomery and C.T. Yang, Differentiable transformation groups on homotopy spheres, Mich. Math. J. 14 (1967), 33 - 46.

[43] D. Montgomery and L. Zippin, Periodic one-parameter groups in three-space, Trans. Am. Math. Soc. 40 (1936), 24 - 36.

[44] D. Montgomery and L. Zippin, Topological transformation groups, Ann. Math. 41 (1940), 778 - 791.

[45] D. Montgomery and L. Zippin, Examples of transformation groups, Proc. Am. Math. Soc. 5 (1954), 460 - 465.

[46] G.D. Mostow, Equivariant embedding in euclidian space, Ann. Math. 65 (1957), 432 - 446.

[47] J. Munkres, Elementary Differential Topology, Annals of Math. Studies 54 (1963).

[48] W.D. Neumann, 3-dimensional G-manifolds with 2-dimensional orbits, erscheint in Proc. of the Conference on Transformation Groups.

[49] R. Palais, Embedding of compact differentiable transformation groups in orthogonal representations, J. Math. Mech. 6 (1957), 673 - 678.

[50] R. Palais, The classification of G-spaces, Mem. Am. Math. Soc. 36, (1960).

[51] R. Palais, Slices and equivariant imbeddings, Annals of Math. Studies 46 (1960), Chapt. VIII.

[52] R. Palais, Equivalence of nearby differentiable actions of a compact group, Bull. Am. Math. Soc. 67 (1961), 362 - 364.

[53] R.S. Palais and R.W. Richardson, Jr., Uncountably many inequivalent analytic actions of a compact group on R^n, Proc. Amer. Math. Soc. 14 (1963), 374 - 377.

[54] J. Poncet, Groupes de Lie compacts de transformations de l'espace euclidien et les sphères comme espaces homogènes, Comment. Math. Helv. 33 (1959), 109 - 120.

[55] D. Puppe, Faserräume, (vervielfältigt), Saarbrücken 1964.

[56] R. Richardson, Groups acting on the 4-sphere, Illinois J. Math. 5 (1961), 474 - 485.

[57] J.T. Schwartz, Differential Geometry and Topology, (vervielfältigt), Courant Institute of Math. Sciences, New York University 1966.

[58]   S. Smale, Generalized Poincaré's Conjecture in Dimensions greater than four, Ann. Math. 74 (1961), 391-406.

[59]   P.A. Smith, Fixed points of periodic transformations, Appendix B in Lefschetz, Algebraic Topology, New York 1948.

[60]   E.H. Spanier, Algebraic Topology, 1966.

[61]   J. Stallings, The piecewise-linear structure of Euclidian space, Proc. Camb. Phil. Soc. 58 (1962), 481 - 488.

[62]   J. Stallings, On topologically unknotted spheres, Ann. Math. 77 (1963), 490 - 503.

[63]   N. Steenrod, The Topology of Fibre Bundles, Princeton Univ. Press 1951.

[64]   A. Weil, L'intégration dans les groupes topologiques et ses applications, (2. Auflage), Paris 1951.

[65]   E.C. Zeeman, Unknotting 3-spheres in six dimensions, Proc. Amer. Math. Soc. 13 (1962) 753 - 757.

Lecture Notes in Mathematics

Bisher erschienen/Already published

Vol. 1: J. Wermer, Seminar über Funktionen-Algebren.
IV, 30 Seiten. 1964. DM 3,80 / $ 0.95

Vol. 2: A. Borel, Cohomologie des espaces localement
compacts d'après J. Leray.
IV, 93 pages. 1964. DM 9,- / $ 2.25

Vol. 3: J. F. Adams, Stable Homotopy Theory.
2nd. revised edition. IV, 78 pages. 1966. DM 7,80 / $ 1.95

Vol. 4: M. Arkowitz and C. R. Curjel, Groups of Homotopy
Classes. 2nd. revised edition. IV, 36 pages. 1967.
DM 4,80 / $ 1.20

Vol. 5: J.-P. Serre, Cohomologie Galoisienne.
Troisième édition. VIII, 214 pages. 1965. DM 18,- / $ 4.50

Vol. 6: H. Hermes, Eine Termlogik mit Auswahloperator.
IV, 42 Seiten. 1965. DM 5,80 / $ 1.45

Vol. 7: Ph. Tondeur, Introduction to Lie Groups
and Transformation Groups.
VIII, 176 pages. 1965. DM 13,50 / $ 3.40

Vol. 8: G. Fichera, Linear Elliptic Differential
Systems and Eigenvalue Problems.
IV, 176 pages. 1965. DM 13.50 / $ 3.40

Vol. 9: P. L. Ivănescu, Pseudo-Boolean Programming and
Applications. IV, 50 pages. 1965. DM 4,80 / $ 1.20

Vol. 10: H. Lüneburg, Die Suzukigruppen und ihre
Geometrien. VI, 111 Seiten. 1965. DM 8,- / $ 2.00

Vol. 11: J.-P. Serre, Algèbre Locale. Multiplicités.
Rédigé par P. Gabriel. Seconde édition.
VIII, 192 pages. 1965. DM 12,- / $ 3.00

Vol. 12: A. Dold, Halbexakte Homotopiefunktoren.
II, 157 Seiten. 1966. DM 12,- / $ 3.00

Vol. 13: E. Thomas, Seminar on Fiber Spaces.
IV, 45 pages. 1966. DM 4,80 / $ 1.20

Vol. 14: H. Werner, Vorlesung über Approximations-
theorie. IV, 184 Seiten und 12 Seiten Anhang. 1966.
DM 14,- / $ 3.50

Vol. 15: F. Oort, Commutative Group Schemes.
VI, 133 pages. 1966. DM 9,80 / $ 2.45

Vol. 16: J. Pfanzagl and W. Pierlo, Compact Systems
of Sets. IV, 48 pages. 1966. DM 5,80 / $ 1.45

Vol. 17: C. Müller, Spherical Harmonics.
IV, 46 pages. 1966. DM 5,- / $ 1.25

Vol. 18: H.-B. Brinkmann und D. Puppe, Kategorien
und Funktoren.
XII, 107 Seiten. 1966. DM 8,- / $ 2.00

Vol. 19: G. Stolzenberg, Volumes, Limits and Extensions
of Analytic Varieties. IV, 45 pages. 1966. DM 5,40 / $ 1.35

Vol. 20: R. Hartshorne, Residues and Duality.
VIII, 423 pages. 1966. DM 20,- / $ 5.00

Vol. 21: Seminar on Complex Multiplication. By A. Borel,
S. Chowla, C. S. Herz, K. Iwasawa, J-P. Serre.
IV, 102 pages. 1966. DM 8,- / $ 2.00

Vol. 22: H. Bauer, Harmonische Räume und ihre Potential-
theorie. IV, 175 Seiten. 1966. DM 14,- / $ 3.50

Vol. 23: P. L. Ivănescu and S. Rudeanu, Pseudo-Boolean
Methods for Bivalent Programming.
120 pages. 1966. DM 10,- / $ 2.50

Vol. 24: J. Lambek, Completions of Categories. IV, 69 pages.
1966. DM 6,80 / $ 1.70

Vol. 25: R. Narasimhan, Introduction to the Theory of
Analytic Spaces. IV, 143 pages. 1966. DM 10,- / $ 2.50

Vol. 26: P.-A. Meyer, Processus de Markov. IV, 190
pages. 1967. DM 15,- / $ 3.75

Vol. 27: H. P. Künzi und S. T. Tan, Lineare Optimierung
großer Systeme. VI, 121 Seiten. 1966. DM 12,- / $ 3.00

Vol. 28: P. E. Conner and E. E. Floyd, The Relation of
Cobordism to K-Theories. VIII, 112 pages.
1966. DM 9.80 / $ 2.45

Vol. 29: K. Chandrasekharan, Einführung in die
Analytische Zahlentheorie. VI, 199 Seiten.
1966. DM 16.80 / $ 4.20

Vol. 30: A. Frölicher and W. Bucher, Calculus in
Vector Spaces without Norm. X, 146 pages. 1966.
DM 12,- / $ 3.00

Vol. 31: Symposium on Probability Methods in Analysis
Chairman: D.A.Kappos IV, 329 pages 1967. DM 20,– / $ 5.00

Vol. 32: M. André, Méthode Simpliciale en Algèbre Homologique et Algèbre Commutative. IV, 122 pages. 1967. DM 12,– / $ 3.00

Vol. 33: G. I. Targonski, Seminar on Functional Operators and Equations. IV, 110 pages. 1967. DM 10,– / $ 2.50

Vol. 34: G. E. Bredon, Equivariant Cohomology Theories. VI, 64 pages. 1967. DM 6,80 / $ 1.70

Vol. 35: N. P. Bhatia and G. P. Szegö, Dynamical Systems: Stability Theory and Applications. VI, 416 pages. 1967. DM 24,– / $ 6.00

Vol. 36: A. Borel, Topics in the Homology Theory of Fibre Bundles. VI, 95 pages. 1967. DM 9,– / $ 2.25

Vol. 37: R. B. Jensen, Modelle der Mengenlehre. X, 176 Seiten. 1967. DM 14,– / $ 3.50

Vol. 38: R Berger, R. Kiehl, E Kunz und H.-J. Nastold, Differentialrechnung in der analytischen Geometrie. IV, 134 Seiten. 1967. DM 12,– / $ 3.00

Vol. 39: Séminaire de Probabilités I
II, 189 pages. 1967. DM 14,– / $ 3.50

Vol 40: J Tits, Tabellen zu den einfachen Lie Gruppen und ihren Darstellungen. VI, 53 Seiten 1967. DM 6,80 / $ 1.70

Vol. 41: R. Hartshorne, Local Cohomology. VI, 106 pages. 1967. DM 10,– / $ 2.50

Vol. 42: J. F. Berglund and K. H. Hofmann, Compact Semitopological Semigroups and Weakly Almost Periodic Functions. VI, 160 pages. 1967. DM 12,– / $ 3.00

Vol. 43: D. G. Quillen, Homotopical Algebra. VI, 157 pages. 1967. DM 14,– / $ 3.5

Vol. 44: K. Urbanik, Lectures on Pr[...]
IV, 50 pages. 1967. DM 5,80 / $ 1.45

Vol. 45: A. Wilansky, Topics in Functional Analysis. VI, 102 pages. 1967. DM 9,60 / $ 2.40

Vol. 46: P. E. Conner, Seminar on Periodic Maps. IV, 116 pages. 1967. DM 10,60 / $ 2.65

Vol. 47: Reports of the Midwest Category Seminar. IV, 181 pages. 1967. DM 14,80 / $ 3.70

Vol. 48: G. de Rham, S. Maumary and M. A. Kervaire, Torsion et Type Simple d'Homotopie. IV, 101 pages. 1967 DM 9,60 / $ 2.40

Vol. 49: C. Faith, Lectures on Injective Modules and Quotient Rings. XVI, 140 pages. 1967. DM 12,80 / $ 3.20

Vol. 50: L. Zalcman, Analytic Capacity and Rational Approximation. VI, 155 pages. 1968. DM 13,20/$ 3.40

Vol. 51: Séminaire de Probabilités II.
IV, 199 pages. 1968. DM 14,–/$ 3.50

Vol. 52: D. J. Simms, Lie Groups and Quantum Mechanics. IV, 90 pages. 1968. DM 8,–/$ 2.00

Vol 53: J. Cerf, Sur les difféomorphismes de la sphère de dimension trois ($\Gamma_4 = 0$).
XII, 133 pages. 1968. DM 12,–/$ 3.00

Vol. 54: G. Shimura, Automorphic Functions and Number Theor VI, 69 pages. 1968. DM 8,–/$ 2.00

Vol. 55: D. Gromoll, W. Klingenberg und W. Meyer, Riemannsche Geometrie im Großen
VI, 287 Seiten. 1968. DM 20,–/$ 5.00

Vol. 56: K. Floret und J. Wloka, Einführung in die Theorie der lokalkonvexen Räume. VIII, 194 Seiten. 1968. DM 16,–/$ 4.00

Vol. 57: F. Hirzebruch und K. H. Mayer, O(n)-Mannigfaltigkeiten, exotische Sphären und Singularitäten. IV, 132 Seiten 1968. DM 10,80/$ 2.70

[...] Boundaries of Riemann Surfaces.
[...] DM 9,60/$ 2.40

MIX
Papier aus verantwortungsvollen Quellen
Paper from responsible sources
FSC® C105338

If you have any concerns about our products,
you can contact us on
ProductSafety@springernature.com

In case Publisher is established outside the EU,
the EU authorized representative is:
**Springer Nature Customer Service Center GmbH
Europaplatz 3, 69115 Heidelberg, Germany**

Printed by Libri Plureos GmbH
in Hamburg, Germany